致力于中国人的心灵成长与文化重建

立 品 图 书 · 自觉 · 觉他
www.tobebooks.net
出 品

善生悦教系列

爱上数学

在游戏中与数学相遇

Active Arithmetic: Movement and Mathematics Teaching In The Lower Grades of a Waldorf School

[丹麦]亨宁·安德森 著

周 悬 译

天津教育出版社
TIANJIN EDUCATION PRESS

图书在版编目（CIP）数据

爱上数学：在游戏中与数学相遇／（丹）安德森著；周悬译．
—天津：天津教育出版社，2012.1

ISBN 978-7-5309-6648-8

Ⅰ.①爱…　Ⅱ.①安…②周…　Ⅲ.①数学－儿童读物
Ⅳ.①01-49

中国版本图书馆 CIP 数据核字（2011）第 277426 号

Active Arithmetic by Henning Andersen
Copyright © 1984, 1995
Originally published by: The Association of Waldorf Schools of North America
Address: 3911 Bannister Road Fair Oaks, CA 95628
Simplified Chinese translation copyright © 2012
By Lipin Publishing Company
ALL RIGHTS RESERVED

版权合同登记号　图字 02-2011-266 号

爱上数学——在游戏中与数学相遇

出 版 人	胡振泰
作 者	[丹麦] 亨宁·安德森
译 者	周 悬
责任编辑	尹福友
特约编辑	刘 君
装帧设计	成 劼「北京大诚艺术设计机构」
出版发行	天津教育出版社
	天津市和平区西康路 35 号
邮政编码	300051
经 销	新华书店
印 刷	三河市华晨印务有限公司
版 次	2012 年 1 月第 1 版
印 次	2012 年 1 月第 1 次印刷
规 格	16 开（787×1092 毫米）
字 数	100 千字
印 张	11.5
书 号	ISBN 978-7-5309-6648-8
定 价	32.00 元

数学是跳动的音符，是活动的乐章。

编者的话

　　天下没有不爱自己孩子的父母，可如何去爱，似乎成了当前年轻父母们很大的一个困惑。

　　这一代孩子的童年与我们当年已经大大不同了：在城市，有院落的平房纷纷拆迁，大家搬进被统一规划的小区，不知道左邻右舍的姓名，不敢让孩子给陌生人开门；大多数孩子都是独生子女，没有兄弟姐妹，在家里没有同龄的玩伴，一举一动都在成人无微不至的关注之下；在农村，年轻的父母纷纷进城务工，隔代抚养使得孩子们平日缺少父母的关爱；父母离异成了常事，单亲家庭越来越多，孩子们在年幼的时候就不得不去经验内心分裂的痛苦；电视机、电脑和手机成了我们育儿的好帮手，孩子可以几个小时一动不动地盯着屏幕里愈来愈"重口味"的动画片，乐此不疲地玩着变形金刚、"植物大战僵尸"的游戏，而早已不知道捉蜻蜓、抓石子的乐趣……

我们把孩子带到了这个世界，但如何对他（她）好？我们是否真的懂得孩子们的需求？为人父母，这是需要下点功夫去了解的。孔子讲，这个世界上，只有极少的人是生而知之的，对大多数人而言，还是要学而知之。要想做一个好父亲、做一个好母亲，应当去深入学习，尤其是在这个瞬息万变的时代。

当前有一股新教育的潮流，越来越多以华德福理念（Waldorf）为指导的幼儿园乃至学校正在中国各个城市出现。这些幼儿园和学校的创办者、教师和家长中，很多是反思自身教育历程之后，希望给孩子一个更健康成长环境的父母们。

什么是华德福教育？简单说来，它是起源于德国的一套已有近百年历史的完整而独立的教育体系。华德福教育针对人在0～7岁、7～14岁以及14～21岁这三个阶段的不同需要来设计教学内容，注重孩子意志、情感和思维的全面发展，并关注每个儿童的个体差异，以一种极富艺术性的方式帮助孩子与这个世界建立深刻的联系。华德福教育虽然是西方现代文明发展过程中的一个产物，但有趣的是，它内在的精神与中国自古以来道法自然、因材施教、教学相长的优秀传统不谋而合。在东西方文化充分融合的当今时代，我们需要从以华德福教育为代表的西方优秀的教育理念中吸取经验，与中国的现实情况相结合，为我们的孩子开辟一条新路。鲁迅先生说得好，没有拿来的，就没有新文艺，同样的，没有拿来的，就没有新教育，就不能成就一代新人。

这套丛书名为"善生"，第一层意思就是希望大家好，爱惜生命，热爱生活；第二层意思就是在人生的旅程中，学无止境，止于至善。丛书分两大系列：一是"善生悦读"系列，将陆续推出许多内容上乘、制作精美的中外作品，作为不同年龄段孩子的课外读物，相信这批书将给孩子们留下终生难忘的印象；二是"善生悦教"系列，将选择一批适合父母、教师们阅读的优秀作品，目前已经面世的有吴蓓的《请让我慢慢长大：亲历华德福教育》和李泽武的《重新学习做老师》，可以让我们感受到教育者与孩子一起成长的感动；美国人杰克·帕特拉什的《稻草人的头，铁皮人的心，狮子的勇气》，介绍了如何通过意志、情感和思维的全面发展，帮助孩子健康成长；德国人赫尔穆特·埃勒的《与孩子共处的八年：一位华德福资深教师的探索》，介绍了华德福教学与众不同的方式：主课教师会陪伴孩子八年，将他们从一年级一直领入青春期的门槛；澳大利亚的"故事医生"苏珊·佩罗《故事知道怎么办：如何让孩子有令人惊喜的改变》，以丰富的事例，讲述了如何在家庭和学校生活中，针对孩子的各种挑战性行为创作出具有疗愈作用的故事；从小就爱给人讲故事的比亚翠斯·洛奇的《故事和你说晚安》则为您带来许多经典故事和怎样给孩子讲故事的建议，伴您与孩子度过美好的睡前时光。

最后，引用这么一句话送给天下的父母亲："我们必须有勇气准备让他们（孩子）来欣赏这个世界，来理解这个世界，并且按照自身的特点积极地参与这个世界。"——这就是我们共同的责任。

编　者

2011 年 7 月

目　录

英文译者前言

在本书开头，作者讨论了丹麦的教育制度。有人可能会说，英文版可以删去其中某些内容，但丹麦的情形或许也反映了世界各地的教育现状，因此我们保留了与丹麦有关的部分。

我们有幸与本书作者共事多年，关于如何教数学，作者曾与我们有过许多对话，在翻译过程中，这些对话——回到我们的脑海。亨宁总是充满热情，他向我们解释实际的教学方法，也帮助我们理解这些方法背后的思想理念。

在这样的对话之后，数学课不论对于孩子还是老师都是一种真正的享受。因此我们深信，阅读本书的老师们也会拥有和我们同样的体验。

韦尔纳·彼得森（Verner Pedersen）

阿琪·邓肯森（Archie Duncanson）

前　言

　　这本书并不是要完整讲述斯坦纳学校（或称华德福学校）在小学低年级是如何教授数学的。例如我提到了四则运算这一重要内容但并未深入探讨，我没有触及如何将数字引入学习，关于书面算术则只是浮光掠影地一笔带过，还有许多其他重要内容则完全略去。

　　本书的唯一目的在于探讨数学教学中那些可以通过身体动作展开的部分，通过这些教学去满足孩子的需要，即在所做的一切事情中体验心灵的特质。很多人会觉得这样说太狂妄了，尤其是在数学这样一门"枯燥"的学科中。

　　数学这门学科的确有许多"枯燥"的方面，我们在教学中需要考虑到这些方面，但只能是在孩子到达一定年龄，获得充分发展以后。因此，数学教学不仅涉及知识和技能的问题，最重要的是要判断孩子在特定年龄有何需要。

　　本书的基本观点是，在小学的头几年，儿童的意志和情感生活远比智力重要，但这并不是说，孩子们不能够欣赏诸如数学这样的学科，相反，人类心灵中意志和情感的层面可以在数学中获得极好的呼应。

本书不仅面向小学低年级教师，也适合父母以及与孩子朝夕相处的其他成人阅读。这些教师和成人也许正在设法满足孩子们通过游戏来活动的需要，无论是带领人数或多或少的一群孩子做一些有韵律的活动，还是想让餐桌边的孩子们有一些比较安静的事情做。无论是哪种情形，本书中所介绍的活动都可以满足孩子们的需要，同时为他们以后进行更具智力性的活动做重要准备。

本书作者曾在华德福学校任教多年，在写这本书的过程中，脑海中会以特定的孩子或班级为对象。读者们不妨也这样做！换句话说，无论是在烹调艺术中，还是在教书这门艺术中，都绝不要照搬菜谱，而要根据您希望滋养的对象进行适当的调整，只有这样，这些菜谱对于身体或心灵来说才是有价值的。

亨宁·安德森（Henning Anderson）

第一章

导言——关于儿童数学教学

当我们年岁渐长，回忆起自己的学童生涯，至少会有一本课本是我们觉得无趣之极的。每天，我们都会从书包里掏出这本书，吃力地学习。从第一页到最后一页，书里写满了数字，并按照学年进度分为第一课、第二课、第三课……每一课千篇一律地分为口头练习部分和书面练习部分，每个部分又分为数字计算和应用题。每一课都包含乘法口诀、加法练习、后面也许是长长一串减法题，随后是乘法和除法练习。

当然还有一个老师，老师的任务是在学年结束之前把课本上到最后一页，这样一来，也就没有多少余地可以在教学中发挥自己的主动性了。

笔者所记得的老师是这样的：

他手里拿着书走进教室，直接走到黑板前面，挑一支粉笔，在黑板中央写下一个"7"字。然后他的眼睛越过眼镜的上缘看着他的30个学生——为了确保所有学生都知道今天要讲的是7的乘法口诀。随后他在 7 的前面写一个乘号，又在乘号前面写一对括号，最后在括号里写下一系列随机数字。整个过程中，他都在用右手写字，而把脸朝着学生。

他扭头的姿势使他看起来像一尊埃及雕像，当然，我是说如果忽略服饰的不同以及他鼻子上的眼镜的话。班上三分之一的学生都被叫起来考问乘法口诀：$4 \times 7 = 28$，$9 \times 7 = 63$，$1 \times 7 = 7$，等等。大家回答得都很好，每个学生一周要被考到好几次。

我们喜欢我们的老师，也有点怕他，希望讨他欢心。他的课并不激动人心（没有人指望这一点），但随着我们与他越来越熟悉，我们慢慢开始喜欢他。无疑他时不时会梦想有一本不一样的数学书，但每天都会清醒过来面对现实，学校给什么，就用什么。

数学课结束时，我们精神疲惫，身体僵硬，边走出教室边活动四肢。在课堂上，我们唯一的运动就是站起来回答乘法口诀。数学课本只要求我们完成脑力工作，既不鼓励身体的活动，也不存在任何可能会引起兴趣的图片，就像电话本一样了无生趣。

后来的情况有了很大变化。现代数学的出现，加上人们开始注重课程的创造性，数学教学大有改观。只要把我们童年时代的数学课本与 60 年代的相比，立刻就可以看出人们对数学的态度有了变化。60 年代的课本色彩缤纷，各种图画点缀其中。不仅应用题中会设计有趣的情景——例如在卡车里装上用来填满圆柱形和矩形箱子的沙，而且一切都力求给人深刻的感受，活动也获得了极大的重视。

60 年代的数学课是围绕体验和活动展开的。

"在每个阶段，我们都应务必从孩子对活动和体验的需求这一角度去审视我们的课程。除了向学生传授基础知识外，学校的任务始终是发展儿童作为人的基本能力和才能，并尝试唤醒他们去真正理解日常生活中的问题。"

"学校的目的是让孩子具备今后融入社会和担任工作所需的品质，使他们将来能够达到合理的要求。但学校的第一要务乃是使儿童有机会成长为和谐、幸福和善良的人。"

以上这两段话引自 1960 年"丹麦学校的教育大纲"，也就是所谓的"蓝皮书"。比较一下之前丹麦学校法案中的措辞以及关于教育目的的说法，就会发现第二段话中所说的"第一要务"具有极其重要的历史意义。以前，教育的"第一要务"是传授基础知识，而现在的"第一要务"则涉及人这一存在体的完全不同的方面。

这非常激动人心，也非常有意思！

不过，如果翻到同一本蓝皮书中关于算术和数学的部分，读一读这门学科的目的，您还会看到一些有意思的东西。我们会发现，这门学科的目的是"向学生传授知识和技能，培养和练习学生跨出学校之后在家庭、社区及行业中所需要的技能，培养学生对于几何和算术基本规则的信心。

如果说，引言部分"第一要务"所传达出的理想在我们到达数学部分时已经面目全非，那未免有些言过其实，但至少可以说，在传统思维方式的影响下，这一理想已经在某种程度上打了折扣。

当我们被迫走上革新之路时，通常都会发生这种情形。我们的智力告诉我们应该如何去做。我们在每日的教学中，在与孩子的接触中看到——并深深意识到——我们必须作出改变。但不论多么坚定的思想和情感，都必须伴以实际的技巧，而我们并不知道如何去做。易卜生[1]的《培尔·金特》[2]就很好地描述了这种情况。在该剧中，主人公远远看到一位年轻的伐木工人为了逃避兵役而宁愿用斧子砍掉自己的手指：

> "这样想，这样希望，有这种意愿，都很自然。
>
> 可是真的这么干了！不，这我不能理解！"

真正去做是不容易的。我们很善于设计理想，也很会讲道理，却常常不能够把道理付诸实践。在小学低年级数学教学的实际操作中，我们遇到的就是这种情况。

在数学课中，要如何去做才能产生活动和体验？

真正的解决方案并不是从那些与数学没有真正关联的领域借取刺激性的元素和主题，这是不言而喻的，然而我们却常常这样做。孩子在做下面这样的题目时自然会觉得很好玩。

---

1 引者注：亨利克·约翰·易卜生（Henrik Johan Ibsen，1828～1906），挪威剧作家，被称为"现代戏剧之父"。
2 引者注：《培尔·金特》是易卜生完成于1867年的一部诗剧，取材于民间传说，讲述了一个富于幻想、终日懒散生活的青年培尔·金特流浪和闯荡世界的经历，是一部关于人性、自我，关于罪与救赎、爱与信念的宏大诗篇，是易卜生离开挪威三年后各种情感堆积的一次总爆发。

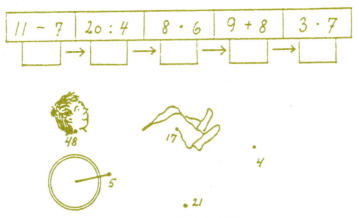

完成计算题并把各个点相连

　　但这是不是一种深思熟虑的做法呢？孩子们所看到的图画属于数学以外的领域（通常是动物学领域），鉴于课本的编排方式，这些图画的存在仅仅强调了一点，那就是数学本身是不好玩的。我们借助马和大象来帮助我们，因为我们还没有找到一种完全符合儿童本质、本身就能激发儿童兴趣的方式。

　　还有一点也让人深感遗憾。为了引起孩子的兴趣，我们在数学书中看到的四足动物看上去总是那么古怪，出于同样目的而画的蝴蝶也总是花里胡哨，毫无美感。这种情况由来已久，没有任何改变的迹象，但由于成人常常忘记孩子们对美十分敏感，这种胡萝卜政策只能起到适得其反的糟糕作用。而且，仔细看看这些数学书就会发现，大多数课本歪曲了我们希望传达给孩子的人的形象，例如当我们为了显示奇数和偶数的区别或为了展示数学中的其他关系而要求孩子们将不同形状的帽子（圆锥形、金字塔形、半球形、圆柱形等）与相应形状的头连接起来时，我们就在做这样的事情。成人也许觉得这种夸张的漫画很好玩，孩子们却想不通，大人们为什么要糟蹋纸张和印刷厂的油墨。此外，这些人体部位的形状并不是真正准确的几何体，因此几何也被歪曲了。

在数学教学中，我们要问的基本问题与我们在所有其他科目中要问的问题是一样的，那就是，这门学科与儿童的本质有何关系？与孩子在特定年龄的需求有何关系？看看《蓝皮书》中关于数学的那一段，虽然我们不能说这个问题被完全忽略了，但毫无疑问，《蓝皮书》的立场与一直以来人们对待数学的立场毫无二致：实用性的一面，也就是与成人社会中的职业及必需技能有关的那一面，占了绝对的主导。从某种意义上来说，这是可以理解的，因为数学和算数这两门学科与儿童世界的联系是最不明显的，因此我们更容易犯一个错误——将儿童视为成人的缩小版。

但是，如果我们尝试从人类本质的角度去看问题，而不是从成人惯常的实用角度去看待数学，这一切都会改变。我们会意识到，与人类本质有关的方面也存在于算数和数学中。

第二章
人类本质的三个层面

教育界一度曾讨论过是否有必要开设专以娱乐为目的的学科，现在这些讨论已告结束。"娱乐性学科"这个词意味着必须有一些学科让孩子们从其他学科中恢复过来——在真正的工作之后，他们需要通过休息来消除紧张和疲惫。

不过，现在人们已经不再这样想，相反，大家更多地在讨论如何让一门学科激发出我们内在的创造力。人们意识到，艺术性的学科既能提供相关训练，也能让孩子们得到快乐。最初，这些学科旨在提供娱乐，意味着学习之后的休息；之后，由于人们换了一个角度去看待这些活动，它们变成了学习本身的基本组成部分。越来越多的人意识到，艺术在儿童的整个生活中是不可或缺的。

这两种想法基本上说明了人们关于"儿童的需要"和"学校的任务"的观点是如何发展的。幸运的是，一般情况下，孩子并不需要娱乐。所有健康儿童的父母都会通过许多实际经验认识到这一点，虽然这些经验常常是痛苦的。

事实上，儿童需要在学校的一切所作所为中发挥创造性。只有那些缺乏创造性的课程安排才使得开设创造性课程成为必要，因为这种情况下孩子会感到疲劳。

一定是因为体会到了这一点，丹麦"蓝皮书"中才会有我们上文中引用的那句话，也就是用"和谐、幸福和善良"这样的词来描述人的内在层面的那句话。人们可能会质疑"和谐、幸福和善良"这几个形容词是否恰当。为了更准确地描述教育的本质，也许我们应该避免使用这样的词，而把上文中引用的两句话合并为一句："学校的第一要务，乃是鼓励孩子的每一个机会，让他们在活动和体验中成长。"

如果把这句话当做我们的教育原则，也许我们就触及到了小学所有教学活动中的中心问题。

小学阶段的教学，应以活动和体验为基础，孩子的年龄越小越是如此。对于成年人来说，心灵各个层面所呈现的顺序常常如易卜生《培尔·金特》中所说："这样想，这样希望，有这种意愿……可是真的这么干……"成年人生活在自己的思考中，思考推动我们的情感生活，而情感又激发出意愿。

然而孩子却正好相反，他们的每一天都在不知疲倦的游戏活动中度过。在幼儿园和小学阶段，孩子的情感生活渐渐变得更丰富、更复杂。在这个基础上才能建立起成人明晰的、被唤醒的思维生活。丹麦伟大作家和赞美诗作者哥戎维（Grundtvig）是这样说的："什么是思考，当情感意识到自己，就变成了思考。"或者，像他诗中所说——

> 那起初念念于心的
>
> 渐渐带来智慧之光
>
> 不如此，犹如从未活过……

活动和体验意味着感情和意志，考虑到"传授基本知识"说的就是思维生活，我们可以看到，丹麦学校的"蓝皮书"实际上与哥戎维不谋而合，说出了心灵的三个基本元素，而这正是所有儿童教育活动所应围绕的。

我们从意志的活动出发，经过情感生活，到达思维生活，而后者应该是这一漫长过程的结果。因此，儿童教育是一个包含这三个层次的过程，其中概念的发展位于最后。

过去，人们做过很多试验来研究学习过程，尝试通过各种方法去直接训练儿童的智力，例如通过使用教学机器等。然而人们已经看到，要让孩子对思维世界具有洞察力，首先必须回归到身体活动。

人们尝试过很多捷径，很多人的传记都证明了这一点，约翰·斯图亚特·密尔[1]的一生就是一例。密尔自幼就开始接受与思维有关的训练，小小年纪便在这一领域取得了惊人的进步，被时人视为"神童"。然而必须指出的是，他的哲学思想显示出他极端不信任那些通过思考获得的结果，而且他认为，童年的缺失与他日后人生中的危机有着直

---

1 译者注：约翰·斯图尔特·密尔（John Stuart Mill，1806～1873），英国著名哲学家和经济学家。

接的联系。

仅仅指向思维生活的纯粹知识无益于儿童的成长，不仅仅因为这对于孩子来说太难了，而且还因为，儿童是通过活动和体验来发展的。

我们可能尝试过这样做，而且发现这样的教育在有些孩子身上的确有效果。但这是因为，当我们作为教师站在孩子们面前，我们或多或少总会播下一颗活动的种子，这颗小小的种子经历转化，变成了思考。对于孩子来说，这是一个必然的过程。

然而，非常重要的一点是，作为教师，我们不仅要启动这一过程，而且要自始至终意识到这一过程。只有这样，我们才能避免在教学中浪费时间，做到真正"有效"——这个词用在这里也许不恰当，不过这是人们在攻击创造性或艺术性教学时常用的一个词。

要做到真正有效，我们必须彻底了解上文提到的心灵的发展过程。此外，我们还必须知道，人的发展并不是一个小的逐渐长成大的而基本结构保持不变的生长过程。实际上，在人的成长过程中，一个层面的能力会完全转化为另一个层面的能力。儿童这种生物，在长大成人的过程中，会经历彻底的转变。

从这个角度来说，教师必须具有极大的耐心。每一天，每一年，甚至每一个生命阶段，教师都必须就前一天，前一年，前一个生命阶段的课程向学生提出问题。也许教师要克服的一个最大的障碍就是，不要前一天刚播下种子，第二天就指望收获。瑞士教育家裴斯泰洛齐[1]说：

> 人类极大的美德是能够等待，
>
> 不慌不忙，直至一切成熟。

等待，以及在等待的过程中发现指引孩子成长的完美韵律，都需要一种力量，正是这种力量创造出了正确的"孵化器温度"，让一切教育过程都在这样的温度中进行。

让·保罗[2]也曾谈到"播种"在教育中的作用，不过他又进一步说，教育的任务更多涉及温度的问题，而不是播种。他很认同苏格拉底的想法，即孩子们本来就具有某些能力，我们所起的只是接生婆的作用，也就是等待成长的时机，而这些时机是我们作为老师可以为孩子们创造的。这是我们作为教师所能做出的唯一贡献，但这并不会使我们的工作变得无足轻重，相反，这只会使我们的责任更为重大。

在算数和数学中，要问的问题和在所有其他科目中是一样的，那就是"孩子们具备哪些东西"而不是"社会要求我们向他们灌输哪些东西"。为了让孩子内在的特质呈现出来，我们必须遵循什么样的发展法则？换句话说，我们不是要创造某些东西，而是要发展已经有的东西。

具体说来，我们要问的是，"数学已经在孩子们心中埋藏下了什

---

1 译者注：约翰·亨里希·裴斯泰洛齐（Johan Heinrich Pestalozzi, 1746～1827），瑞士著名的教育家和教育改革家，曾创办贫民学校实践自己的教育理念。著有《隐士的黄昏》、《林哈德和葛笃德》等。
2 译者注：此处可能指的是德国浪漫主义作家让·保罗（Jean Paul, 1763～1825）。

么？要滋养这些已经存在的东西，我们要遵守什么样的规则？"

我们很少去考虑孩子们心中已经存在的，却常常执著于我们认为孩子们以后应该是什么样的。

孩子位于起点，我们需要针对儿童的学习进行教学法方面的研究，而成人已经成熟，需要的是以职业和学科为导向的学习，然而主导教师整个思维方式的却往往是后者。

我们应该更为关注起点和终点之间、儿童和青年之间这一阶段的发展和变化规律。我们试图不去触及"蜕变"（metamorphosis）[1]这一概念，因为这个概念很难理解，而当今职业世界中的一切都支持我们这样做。因此我们要做出真正的意志上的努力，以一种"源自儿童天性"的方式来组织数学教学。

我们要避免不触及蜕变这一概念。这样说听起来有点绕口，然而这正是我们应该做的。就像数学中有一个众所周知的"负负得正"定理，我们要通过这样一种意志的努力，帮助孩子到达一个更高的"正"的水平。

---

1 译者注：Metamorphosis 也译作"变形""变态"。这一概念最初是歌德在观察植物的过程中提出的，他发现植物从种子到根、茎、叶、花和果实的生长过程中，其形态的变化遵循着某种规律。后来他将这一概念延伸到植物以外的领域。

第三章

数字的本质和秘密——精神数

在前一章中，我们谈到儿童的敏感期，谈到教学应针对儿童的具体发展阶段。儿童的发展基于感觉的发展，但不同时期以不同的感觉发展为重心，变化十分迅速。如果我们使用的教学材料符合这种发展的韵律，那我们将为孩子成长为完整的人做出无价的贡献。

我们会说到"听感"或其他感觉，但通常我们并不用"思维感觉"这个词来描述人对思维的感觉。但如果真有这样一种感觉，在儿童表达出相应需求之前，我们要避免去使用它；如果我们开始使用它，也绝不是因为我们认为使用得越早越好。我们也从来不说"数学感觉"或"几何感觉"这一类的词，但如果真要说到这样的感觉，它未必一定与"思维感觉"相关，虽然很多数学书给我们的是这样一个印象。

儿童生命中的很多迹象表明，的确存在所谓的数学感觉，而且这种感觉在孩子很小的时候就已经开始起作用了。然而，这种感觉似乎并不与"思维感觉"产生联系——如果的确存在"思维感觉"的话——因为数学感觉所体验的，并不是我们通常会在生活中用到的"量"，它所体验的，更多是"质"。如果仔细研究幼儿的身体表达，或研究数学的早期历史，我们就会明白这一点。

很多证据表明，远古时代的人们认为，数学是一门关于"质"的科学。时至今日，这一点依然有迹可寻，例如我们相信幸运数字，而对另外某些数字则唯恐避之不及。在生活中，这种迷信司空见惯，而在抽奖之前，很多人都会去摇一摇彩票箱。

所有这些都表明，一系列的数字并不是一排面目毫无二致的小士兵，每一个比前一个略大一些，而是许多个性鲜明的人儿连成一排。后者更多与我们的感觉有关。

同样，对于古希腊人来说，每个数字都有鲜明的特点。6 是一个尤其完美的数字，它可以除以 1、2 和 3，而 1、2、3 相加正好是 6。现代观点认为，6 也可以除以 6，但我们不把它算在内，这两个数字是一体，无法把一个分割成为另一个。所以说，6 的内容为：

$$1 + 2 + 3 = 6。$$

它的内在价值与外显的表面价值是相等的，内在和外在呈现出完美的一致。下一个完全数是 28，它的内容为：

$$1 + 2 + 4 + 7 + 14 = 28。$$

我们试着来找下一个完全数，如果到了 500 还没找着，就应该回头再仔细检查一遍，因为 500 比这个数字大了一点点 [1]。然而，我们所

---

1 译者注：此处指第三个完全数是 496。

经历的过程，与过去那些伟大的数学家们为了寻找完全数而花费的时间和千辛万苦相比，实在算不了什么。举个例子吧，为了找到第五个完全数，什么样的努力没有做过呢？这个数字是 33550366^{1}。据说，来自希腊亚历山德里亚地区的数学家尼科马霍斯因为找不到这个数字而徒然悲叹："善而美者寥若晨星，相隔邈远，屈指可数，恶而丑者却满目皆然。"

我们对数字的态度是多么不同啊！在我们的心目中，有美丽的完全数，也有丑陋的、不完美的数字。15 是一个不完美数字，它的内容是 9，它夸大了外在的表面值。16 的内容是 15，因此只夸大了一点点。24 一点也没有夸大，它的内容为：

$$1 + 2 + 3 + 4 + 6 + 8 + 12 = 36。$$

这个数的价值一下子就显示出来了，同时它却是那么的朴实谦逊。

数字 360 在很多场合中都扮演着重要的角色。从上文的观点来看，它的内在价值很高，而且蕴含着各种可能性。它的内容是 810，我们可以用下面的分数来表示它的价值：

$$810 \div 360 = 2.25。$$

而数字 24 的价值为：

$$36 \div 24 = 1.5。$$

---

1 译者注：此处似乎有误，第四个完全数是 8128，第五个是 130816，第六个是 2096128，第七个才是 33550366。

所有完全数的价值都是 1。因此 360 一方面很重要，另一方面也不缺乏个性。相比之下，15 的值为：

$$9 \div 15 = 0.6。$$

在数学的历史中，这样的关系比比皆是。例如，几何中有柏拉图多面体之间的关系，希腊人把它们与宇宙及四大元素联系起来，并认为这些关系体现了两性之间的相互映照。总之，希腊人体会到，数字和形状的世界与人类心灵密切相关。

儿童与数学中这些质的方面有着深厚的联系，就像人类早期思想中所体现的一样，但由于他们是孩子，他们无法用言语表述自己的体验，也无法把这些体验与柏拉图多面体或完全数等深奥的课题联系起来。然而他们看待事物的角度是一样的。因此我们可以说，他们从世界的同一个角落出发，只是在表达自己时用的是与其年龄相应的语言。

因此，在教授数学之前，要试图在心中描绘出人类早期文明的图景，这是非常重要的。通过这样一种准备，我们才可能了解如何将孩子引入数字的王国。除此之外，我们要做的就是根据儿童在不同年龄阶段的能力发展来选择适当的教学材料。

对于古希腊数学家来说，柏拉图多面体具有极其重要的作用。不仅仅是开普勒将它们放在同心球中，实际上，在整个古代，人们在体会柏拉图多面体时都会联想到球形的圆融一体。出于同样的宗旨，我们可以让孩子体验相对简单的正多边形及外接圆。开始的时候，不要超过 3 到 6 条边，这样孩子们在第一轮中可以轻松跟上，通过这样的体验，他们感觉数字之"质"的需求也可以得到满足。我们可以让他们画出以下图形：

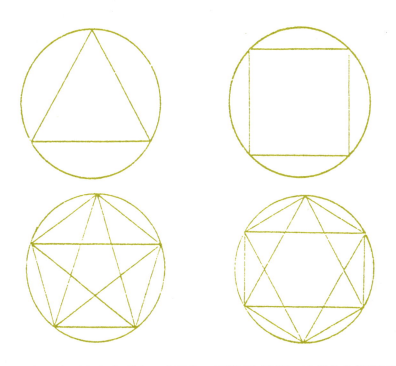

在五边形和六边形中，孩子们还可以画"星"，这样他们慢慢可以更轻松地画出规则的形状。此外，还可以通过颜色来突显数字之间的关系。相应的区域应涂上相应的颜色；否则这些图会显得滑稽可笑，从而背离我们的初衷。

孩子们非常清楚，要让图形和谐美观，就要让各条边一样长，就像希腊人试图用正多边形搭出三维几何体时所发现的那样。他们所做的努力是一样的，就是要寻求一致的感官印象。

让孩子们体验圆的连贯、一体和完整是非常重要的。一开始让他们徒手画圆，使用圆规还为时尚早。然后他们可以通过下面的方式来体验数字 2：

在孩子们可以画出大而漂亮的圆之后，可以给他们一些坚果或栗子，让他们放在圆上。例如，我们可以给他们三枚坚果，然后请他们小心地放在圆上。"小心"的方式有很多种，不管是哪一种方式，我们都应该接受。不过，与此同时我们应该帮助他们，使摆放后的坚果将圆分为三个 120° 的部分，当然，我们不用说出这个词。

然后我们可以用同样的方式摆放 4 个、5 个以及 6 个坚果。

观察孩子们如何划分圆，例如，分成 6 个部分时，我们可以看到他们沉醉在纯粹的数学工作中。此时所做的工作形成了成人数学思维的基础。让他们以不同方式取出 6 枚坚果中的 3 枚，有时他们会看到一个三角形的雏形突然显现出来，此时他们将体验到多么纯粹的快乐！

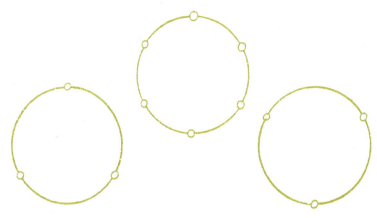

六枚坚果可以形成两个不同的三角形

三角形的尖尖可能朝上（很多孩子觉得这样最漂亮），也可能朝下。有的孩子看到的是尖朝上的漂亮三角形，面对同一个三角形，另一些孩子却看到尖尖朝着左下方，或朝着右下方。

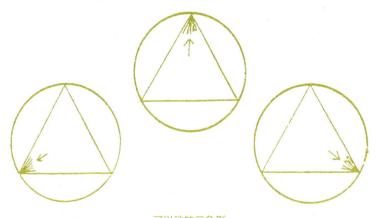

可以动的三角形

最后，有一个孩子发现，三角形可以动！他画的圆足够小，而他的手足够长，因此他可以用一只手的拇指和中指按住其中两枚坚果，用另一只手的无名指按住第三枚坚果。他惊喜的叫喊吸引了全班同学来看他如何转动三角形，看到三角形的尖尖从朝上的位置慢慢转到朝下的位置。

如果尝试一下，你就会明白孩子们为什么那么激动！在这个过程中，你必须站起来，你的手才不会扭在一起，因此当每个孩子都在尝试这样做时，班上会有些乱，但教师必须习惯于这种乱。

在 120°中蕴含着三角形的特质，可以唤起我们的和谐感。如果三个坚果被放在合适的位置上，我们会觉得很平衡，这种体验与圆形的大小无关。

方形的体验是完全不同的，而五边形的体验又不一样。

对于大多数孩子来说，六边形是非常特别的。先给孩子六个坚果，等他们放好之后，再给他们一把坚果，让他们排出两个相互交错的三角形。通常这会是一次深刻的体验。如果给了他们足够多的坚果，就会出现如下图所示的图形，它令孩子们惊叹不已。这个图形中有许多大小不一的三角形，如果孩子们试着让这些三角形变得大小相同，中间就会出现一个六边形。孩子们的双手、眼睛以及整个身体都在兴奋地忙碌着，动着，寻求着平衡。数学就是在这些活跃的动作中产生的。

我们从一开始就要强调，这不是在宣扬古老的迷信，而是让算数和数学教学回到它所属的地方，即远离头脑的工作。这样做可以满足孩子最大的愿望之——根据成长法则的需要，尽可能长久地停留在身体活动的世界里。

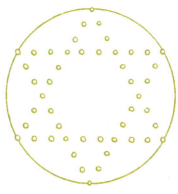

用坚果排成分布均匀的六角星

　　将 4 个坚果放在圆圈上。再加入 4 个坚果，分别放在原来的每两个坚果之间。用新的坚果排列出两个正方形。

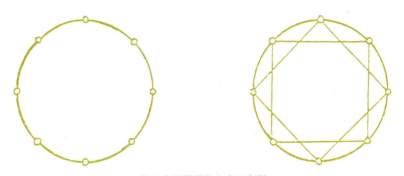

用 8 个坚果摆出 2 个正方形

　　现在边缘的三角形不太一样了。他们看上去和六边形周围的三角形不同，没有那么美观，坚果也不太容易摆放。很难把坚果摆放得像之前那么整齐，因为所有边并不相等，无法彼此参照。孩子们的手在和这个恼人的问题格斗。他们对于这个问题一无所知，对此我们也不应该做任何讲解，但他们的眼睛和手指发现了这个问题。他们可能会说："这太好玩了！"老师知道，6～7年以后他们会再次回到这个问题上来。

现在，再次摆一个四边形。在每两个坚果之间均匀地放上两个坚果。这看上去像一个钟表！现在每隔一个坚果就取出一个坚果。看，原来的六边形回来了！再次每隔一个坚果取出一个坚果，这一次三角形回来了。从钟表当中我们可以得到四边形和三角形。这是一个重要的发现。排成圆形的12个坚果中蕴含着很多谜。

通过十二边形把四边形变成六边形和三角形

现在我们把5个坚果放在圆上，然后在每两个坚果中加入一个，这样就形成了十边形。稍作观察之后，我们决定每隔一个坚果取出一个，连取两轮。第一轮很顺利，但第二轮就不行了。注意到这一点，我们对奇数和偶数就有了一些了解。

如果我们把16个坚果放在圆圈上——这并不太难——我们可以一连多次每隔一个坚果取出一个。有的孩子会说16是一个非常彻底的偶数。他们以自己的方式理解了什么是"偶数"。相比之下，20的偶数特质就弱得多。

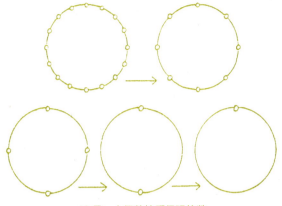

16 是一个偶数特质很强的数

到达倒数第二个图时，很多学生会疑惑是不是还要继续下去——如果只有两个坚果，可以"每隔一个"取出一个吗？

某一天，可以给每个孩子 7 个坚果，让他们放在圆圈上。他们立刻发现这和当初摆放 5 个坚果时遇到的困难是类似的。他们记起，当初老师曾帮助他们躺在地板上，手臂和腿张开，这样他们的四肢和头构成了一个五角星。

然而 7 个坚果无法用这样的方式解决，因为我们少了一对手臂。头很好放置，两只脚应该彼此靠近一些，然后我们必须想象我们有一对翅膀。

把 7 个坚果放在圆圈上并不容易

最后我们插上双翼的人体落入合适的位置，一个美丽的七边形出现了。如果我们试图每隔一个坚果取出一个，我们会再次发现这行不通。我们只好满足于首先用手指，然后用铅笔去跟踪每隔一个坚果取出一个坚果时所走过的路径。这时一些令人激动的东西出现了。

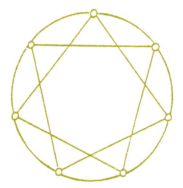

我们将相隔一个坚果的每对坚果连接起来

如果我们每次移到相隔两个坚果的那个坚果，所出现的情景就更加令人激动了。

我们将相隔两个坚果的每对坚果连接起来

这有些困难，但显然值得去做。

我们来用同样的方式体验八边形。我们既可以让两个正方形构成星形，也可以用一条不中断的线画出八角星。

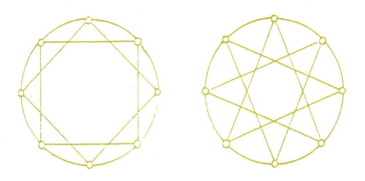

九边形也是如此。可以用三个三角形构成星形，也可以用一条不中断的线画出九角星。

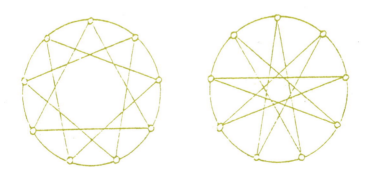

在十边形中，可以有两个五角星，也可以用一条连续的线画出十角星。

因此我们体验到，五角星和七角星只能用一根连续的线画出。如果我们继续研究其他多边形，我们会发现 11 边形和 13 边形也是如此。为什么会这样呢？

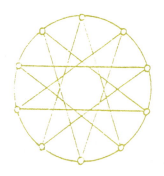 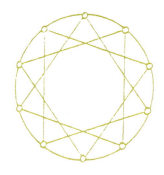

以后孩子们会学习与此有关的更多内容，但此时他们已经接触到了与质数有关的诸多问题。

六角星也是一个特殊的例子，因为它无法用一条连续的线画出，而是必须由两个三角形构成，一个朝上，一个朝下。

犹太人认为六角星很特别，这绝非偶然。对于他们来说，六角星有深刻的象征含义。然而，我们在这里关心的只是使得六角星有别于其他星形的数学特质。

在做这些坚果游戏的同时，我们还要在大厅里做一些游戏。大厅应该大到能够让所有孩子手拉手围成一个圈。或者也可以让一半学生围成圆圈，因为让旁观者和游戏者互换角色也很重要。

我们让 12 个学生围成一个圈。现在，如果每逢第二个学生向前跨出一步或坐下，整个图景立刻就不一样了。如果每逢第三个学生向前跨出一步，我们会辨认出之前的正方形。如果每逢第四个学生向前跨出一步，我们就有了一个三角形。在 12 个人围成的一个圈里，所有这些都以一种美妙的方式进行着。但如果每逢第五个人向前跨出一步，我们会发现这行不通。12 和 5 没有太多的共同点。如果每逢第六个人向前跨出一步，也有一些东西产生，但没有那么激动人心。

这样一来，我们发现数字以特殊的方式彼此相属。如果圆圈中有 13 个人，就无法做到每逢第三个人或每逢第四个人向前跨出一步，同样每逢第五个人也行不通。但如果圆圈中有 15 个人，却可以每逢第五个人向前跨出一步，此时出现的是一个多么漂亮的三角形啊！15、5 和 3 彼此非常协调。

我们回到 12 个孩子围成的圈。让另一个孩子绕着圈走，同时展开一根绳子，每逢第四个孩子抓住这根绳子，立刻我们有了一个漂亮的三角形。同样，如果每逢第三个孩子抓住绳子，我们可以很轻松地创造出正方形（四边形）。4 和 3，3 和 4——很好记！

如果有两根绳子，我们可以用两个三角形组成一个六角星。先拉出一个三角形，把这个三角形放在地上，拉出第二个三角形。把两个三角形都举到同样的高度，六角星出现了，它有一种不同寻常的美！然后我们可以做一个注意力练习，让孩子们将六角星旋转一圈。在这过程当中，大厅里一片寂静。六个没有抓绳子的学生可以后退一步，作为圆圈中的标记点。其他所有学生在努力地以同样的步伐旋转，让绳子保持在紧绷的状态，直到回到起点。作为圆圈标记点的孩子们现在也要一显身手了，这是一个很艰巨的任务：他们要跨过六角星而不将其破坏。这个任务可以由三年级的孩子来完成。

这是一个严肃的游戏，从中可以学到很多东西。六角星的外围有六个小的三角形，理想状况下，这六个三角形应该是相等的。同时他们彼此之间应该构成一种特定的关系。在转圈的过程中，六角星的形状在不停地变化，为了纠正任何错误，孩子们都必须意识到邻居的位置。在这样的练习中，通过观察和判断，学生们锻炼了实际的数学技巧，而这可以为今后思维层面的数学能力打下真正的基础。

让绳子始终保持紧绷的状态是一件很难的事情。这需要密切的合作，需要随时观察三角形中另外两个人的动作。这本身就是一件很有价值的事情。可能会有一根绳子总是松弛着垂挂下来，于是三角形不复存在。为了让孩子们的手感受到应该如何做，几天之后可以给他们三根长木棍来构成三角形。木棍代替了绳子，孩子们意识到，现在三角形稳定了，不会再发生任何变形。同样的手比较着两种截然不同的体验，提前好几年就"懂得"了与三角形有关的许多知识，例如三角形的结构、全等三角形以及木匠为什么要在屋顶的椽木间钉上一根对角斜梁。

三角斜梁可以使屋顶免于倒塌

对于低年级孩子来说，上述这些练习可以无止境地补充下去。有人可能会问，这些练习真正触及的是数字世界的哪一部分？比如说我们有基数和序数之分，基数 5 可以用 5 个苹果来说明，而为了说明序数 5，则可以指着一个苹果——它是一排苹果中的第五个，我们通过数数到达了这个苹果。

无论好坏，这就是智慧之果。

至今为止我们所讨论的数字既不是基数也不是序数。基数和序数的特征始终存在于这些数字之中，但从根本上来说，这些数字存在于一个全然不同的层面上。

当我们说 5 是一个质数时，我们已经接近了数字 5 的这一层面。质数这一特征完全不取决于我们用 5 来表示量还是表示顺序。它的邻居 6 不是一个质数，而是一个完全数。两者都传达出一种特别的感觉，一种个体的身份，这种感觉与 6 比 5 大 1 这一事实无关。5 是一个质数，这是属于它本身的一些东西。上面我们讲到苹果，如果我们把一个苹果切成两半——不是像我们分享苹果时那样切，而是拦腰横着切开——我们也会体验到这一点。如果你以前从未这样做过，现在你可以试一试，对于数字 5 的特质，你会有稍微多一些的理解。苹果是智慧树上的果实，多年来人们一直用苹果来阐释序数和基数的概念。教师会说："就拿 5 个苹果为例……"然后解释这两种数字。这是一件很自然的事情，是一个传统。但是教师总是忘记在事后把苹果切成两半，看一看 5 这个数字的真正内核。在最深的内在，5 既不是基数，也不是序数，而是一种活跃的力量，这种力量本身就能创造出基数和序数。

我们需要找到一个词来描述数字中"质"的这一面。除了基数和序数，也许我们还应该拥有"精神数""本质数""个体数"或……我们该如何称呼?

所有早期的数学都传递出与这种数字有关的信息，正因为此，我们的孩子必须以这样或那样的方式体验数字中质的方面，因为孩子的

内心深处有一种需要，我们可以称之为"历史需要"。这并不是说孩子们有学习历史的需要——他们也有这种需要——而是指他们需要用自己的眼睛清晰地看到周围环境中那些对于以前的文化时期来说十分重要的方面。丹麦"蓝皮书"（见第一章"导言"部分）认为，公立学校的课程内容过多，这是我们大家都不希望看到的，因此某些仅仅为了遵循传统而保留的内容将予以删除。这句话说得很对，但我们很可能会删除过多的内容，以至于在此过程中孩子们的能量之源会遭到破坏。我们需要对这些能量的源头给予特别的关注。当我们读到："只有彻底删除过时的内容"，才有可能关注到科学研究的快速发展，我们不免有些警惕起来。"蓝皮书"表示，课程修订应被视作一个持续的过程，要不断追求最新理念，随时对课程进行修订（但不应干扰学校的目标——培养自信与和谐）。

毫无疑问，有许多课程内容的确应该删除，因为它们与孩子的内心没有任何联系。然而，如果认为儿童与成人有着同样的内在心理结构，以此为基础进行课程的删减，那我们就会播下躁动和紧张的种子。如果我们无视儿童成长中的蜕变过程，以及与此相关的对传统的需要，问题就会进一步加剧。

孩子们对童话故事的喜爱就是这一需求的直接体现。有时候我们会有这样一种印象，与我们用所有聪明才智精心打造的技术世界相比，童话世界更像是孩子们的家。

在那些古老的神话、传说和童话中，我们能找到真正的养料去喂养前面所说的孩子内心的"历史需要"。由于有这样一种内在需要，从很多方面来说，孩子们更亲近以前的文化时期，而不是我们，因为我们不过是现代文明的一分子。

童话中经常有一些迹象显示了早期人们对"本质数"的体验，这些数字既不是基数也不是序数，它们体现了数字显现为基数或序数之前其本身所蕴含的创造力。在童话故事中，这类"精神数"比比皆是，有时是两个兄弟，有时是十二只天鹅，有时是东南西北四阵风，有时又是三个姐妹。我们可能会因此而沉迷于数字的神秘性之中，这并无必要，然而即使是在这样一种扭曲的形式中，仍然有一种永恒的内核——我们怀着渴望，用最后的努力紧紧抓住我们内在的一些深层次的东西。

在下面这个印第安童话中，我们可以体会一下原始数字4。这个故事是关于四兄弟的。问题是，我们想象一下，如果故事里再多一些细节，这四个兄弟是否可以变为五个兄弟？或者，是不是兄弟的个数描述了事物间的一种关系，而这种关系的本质决定了它只能是四维的，如果把4改为3或5，这一主题本身所蕴含的有机的生命就会死去？如果后一种说法是对的，那么这个数字就是我们所说的"本质数"。也许从这样的理解中，我们又为这些数字找到了一个新的名字，那就是"有机数"或"完整数"。这些名字意味着有机整体背后所蕴含的创造性力量。

狮子故事中的数字4就是这样的一个数字。

狮 子

　　从前，有四个婆罗门的儿子，他们彼此相爱，赤诚以待，因此决定结伴前往邻国旅行，去寻求声誉和财富。

　　这四个兄弟中，其中三个已经完成了深入而全面的学习，分别成为了巫术学、天文学和炼金术方面的专家，要知道，这可是神秘科学领域最难的学科。第四个兄弟什么都没有学过，他所拥有的只是健全的理智。

　　一天，当他们漫步向前的时候，其中一个博学的兄弟说："为什么要让我们无知的兄弟利用我们的学识呢？他只能成为我们征途中的负担。王子和国王们不可能看得上他，他只会给我们丢脸。让他回家不是更好吗？"

但是最大的兄弟回答说:"不,让他分享我们的好运气吧。他毕竟是我们的兄弟,我们总能够给他找一份他能够胜任的工作的,这样他就不会给我们丢脸了。"

于是他们继续结伴前行。不久,他们来到一个森林里,看见路上散落着狮子的遗骸。这些骨头经过长久的日晒,已经变得十分干燥,而且褪尽了颜色,因此像牛奶一样白,像燧石一样硬。

这时,早先谴责第四个兄弟无知的那个兄弟说:"我们来让我们的兄弟看看,有学问的人可以做些什么!让我们将生命赋予这些骨头,让一只新狮子由此而生吧!这样我们的兄弟就会因自己的无知而羞愧。只要念几句咒语,我就可以归拢这些干枯的骨头,将每一块骨头置于正确的位置。"于是他念起咒语,那些骨头立刻发出"咔嚓"声,彼此聚拢在一起,而且每一块都位于它所属的位置,整副骨骼变得完整无缺。

"我,"第二个兄弟说,"只要念几句咒语,就可以让骨骼上生出肌肉,每一块都在正确的位置上。我还可以让肌肉之间长出肌腱,生出鲜红的血液,我还可以创造出血管、体液、腺体和骨髓。"于是他念出咒语,他们的脚下就出现了狮子的身体,有血有肉、有皮有毛,身躯庞大。

"我,"第三个兄弟说,"只要说出一个字,就可以让血液变热,让心脏跳动,让这只动物活起来,可以呼吸,可以撕咬其他动物。而且你们还可以听到它是如何吼叫的。"

他还没来得及念出咒语，第四个兄弟赶紧用手捂住他的嘴。"不！"他大叫，"不要说出这个词！如果你让它活过来，它会吃掉我们的。"但其他兄弟嘲笑他说："回家去吧，你这个傻瓜！你懂什么叫科学！"

对此，第四个兄弟回答说："在你们给予狮子生命之前，至少给你们可怜的兄弟一点时间，让他爬到树上去！"其他的兄弟同意了。

他刚刚爬上树，咒语就念出了，狮子动了一动，睁开他大大的黄眼睛。它伸了个懒腰，站起来，发出一声吼叫。然后他转向那三个聪明人，把他们连人带骨头整个吞下了肚。

狮子离开之后，对科学一无所知的那个兄弟从树上爬下来，毫发无损，安全地回到家中。

我们当然不应该向孩子解释童话故事的抽象含义，而应该让故事以其自身的方式影响孩子。我们只需相信，故事中所蕴含的力量会进入孩子的内心，并陪伴他度过未来的岁月。因此，在这里我们只是顺带提一下，这个童话故事可以视作指向这样一种基本的人类体验，即我们周围的一切都可以分为四个领域：无生命的矿物世界、有生命但无活动自由的植物世界、可以活动并可以通过声音和欲望表达自我的动物世界，以及由于具有预测和计划等能力而超越其他三个世界的人类世界。在故事即将结束的时候，动物因包含三个较低层次的世界而要吃掉三个兄弟。最小的兄弟不仅可以超越他们的层次，而且可以超越他自己的层次，因此得以回到他原来的家。

这个故事描画了一个真正的"4"的世界，这不是比 3 大 1 比 5 小 1 的那个 4，而是带有一种自天地之始就拜造物所赐的结构性的力量。

也许我们也可以称这些数字为"结构性"数字。

在很多情形下都可以讲狮子和四兄弟的故事，但给一年级孩子讲这个故事肯定是合适的。在讲故事时，应该与孩子们谈一谈他们生活中的其他一些事物，来加深他们对数字 4 的体验。例如，可以将节奏分明的四季的进程带入他们的意识。他们也许可以画一幅风景画，画中孩子们在玩季节性的游戏，田野、树和灌木则穿着那个季节的衣裳。

然后我们可以找到与 4 有关的事物，在这些事物中，没有其他数字可以代替 4。例如，我们可以与孩子们谈谈为什么一本书有 4 个角。首先我们应该想一想，如果一本书有 3 个角、5 个角或更多的角会怎么样？想象一下，如果把它们放在书架上、书包里或装在包裹里邮寄，那是怎样一种情形？再想象一下，如果书是三角形或五边形的，当人们在图书馆的书架上找书时，该会有多么滑稽！

不，书必须有 4 个角，或者也许可以是 8 个角，这样书才能站在书架上，人们也不需要累得折断脊梁才找到书脊上的标题。但四边形是最好的，任何印刷商都会很快肯定这一点。想象一下，如果书有 8 个角，裁页会有多么困难。

好吧，我们把玩笑放到一边！但我们的确需要在教学中融入与日常生活有关的内容，这些内容要能够帮助孩子们体验数字之间的关系，并能够被这个年龄段的孩子所理解。幽默——带着温暖和同情的幽默——总是适宜的，哪怕是在数学中。

我们自己的身体是体验数字的金矿，尤其对孩子们而言。年幼的孩子依然以一种非自我中心的方式看待自己以及自己的身体，但到了12或13岁时就不再如此了。对于年幼的孩子，指出他们身体里的数字关系是体验"本质数"的最好方式。

我们可以与孩子们谈一谈我们的四肢，谈一谈它们如何以多种方式服务于我们的身体，以及它们与环境的关系。我们也可以告诉他们我们身体里的数字 5 和数字 3。以后我们可以使用手的数字 5 和两只手的数字 10 来介绍基数，但决不应仅止于此。让孩子们看看手那宛如雕塑的美丽造型。让他们体验祈祷时手的姿态，并感觉一下每次我们相互握手时心中升起的整体感和联结感。

此外记住，也许你们以后会给同样的孩子上艺术史课，那时你们会谈到丢勒[1]、米开朗基罗[2]或达·芬奇[3]的手。人们从来不会说这样的画里有几根手指，只会注意到它们是灵魂的表情，这比任何事情都更加清楚地表明，在基数和序数之外，还存在另一种数。

---

1 译者注：阿尔布雷特·丢勒（Albrecht Dürer，1471～1528）生于纽伦堡，德国画家和版画家。

2 译者注：米开朗基罗·博那罗蒂（Michelangelo di Lodovico Buonarroti Simoni，1475～1564），意大利文艺复兴时期的画家、雕塑家、建筑师和诗人。

3 译者注：列奥纳多·达·芬奇（Leonardo di ser Piero da Vinci，1452～1519），与米开朗基罗和拉斐尔并称为"文艺复兴三杰"。

数字 3 与《三个智者》（Three Wise Men）[1] 相联系，而身体也分为

---

1 译者注:《圣经》故事。

四肢、躯干和头三个部分。动物、植物和矿物世界中也有很多明显的"本质"数。例如我们在每一格蜂巢中，在单子叶植物中，在水晶中都可以看到数字6。

　　花的结构可以给我们很多灵感。一年级还不到详细研究植物结构的年龄，事实上，我必须提醒大家不要把花以及植物的其他部分带进课堂，对它们进行解剖，去数花瓣或种皮有几片。对于这个年龄的孩子来说，最好是把他们带到大自然中去散步，在散步的过程中体验植物。无论如何，让他们以这样的方式开始，然后也许可以在教室里回忆他们看到了什么。这样做可以锻炼观察的力量。很重要的一点是，一开始教数学时，不要试图借助花的结构来教基数，而要以这种方式让孩子去体会结构数，体会使得花朵形成，使得水晶逐渐诞生的创造性力量。让孩子看到，正是这种力量创造了花和水晶的形状，虽然我们成人用数字去数、去划分这些形状，但它们早在人类尚无数字概念、对世界还没有形成理解的时候，就已经存在，它们存在于自身的本质当中，自然流溢出来，成为一种纯粹的体现。

在孩子有数数的体验之前，先让他们获得这种来自事物本质的体验，这非常重要。然后，记住我们在前面第二章中引用的裴斯泰洛齐的话：

人类极大的美德是能够等待，

不慌不忙，直至一切成熟。

第四章
韵律与数字

到目前为止，我们主要从空间的纬度，讨论了基于形状的游戏。现在我们要进入时间的纬度，介绍一些新的游戏，这些游戏强调的是节拍和韵律。

在每堂课上，都一定要兼顾这两个层面，因为不管一个班有多少孩子，都肯定有一部分孩子主要靠视觉能力来学习，还有一部分孩子主要靠听觉能力来学习。重要的是，这些韵律游戏将为孩子们学习乘法表以及其他许多数字关系打下基础。此外，前面的那些游戏与基数有密切的联系，而这些韵律游戏则与序数关系密切。

最后但并非不重要的一点是，这些游戏满足了孩子们最深切的一种需求，即在环境中体验到韵律，然而很遗憾的是，我们这个时代正在忽略这一点。过去，每一天都有自然的划分，例如分为工作时间、用餐时间、游戏时间、阅读时间、静处时间以及睡眠时间。而今天，所有这些划分变得模糊而不确定，造成的结果就是巨大的不安全感，随之而来的是紧张和躁动不安。因此，我们要找到新的领域来体现韵律，而数学和韵律本来就紧密相关，那么，在数学中培养韵律感则成为一件非常自然的事情了。

数学和音乐彼此相属。声学原理就清楚地表明了这一点。大家都知道，很多伟大的数学家同时也是音乐家，他们感觉音乐可以激发思维的灵感。在音乐中，人们会以一种无意识的方式体验数学。

莱布尼茨[1]曾说：

音乐是心灵的数学体操，虽然在这样的体操中，心灵并没有意识到它在与数字打交道。心灵通过许多不清晰、不被注意，一般的观察所无法意识到的感知活动获得知识。有人认为，在心灵中，除了他们自己所意识到的活动外，什么都没有发生，这样的想法是错误的。即使心灵自身并没有意识到它在计算，它还是能感觉到这些不被注意的计算所产生的影响，无论是和谐所带来的喜悦，还是不和谐所带来的不安……

在学校里，上声学课总是一件令人激动的事情，例如在六年级的声学课上大家会发现，单单借助耳朵就可以找到一根绳子的中点。当耳朵识别出八度音阶的时候，手也就找到了中点。一双训练有素的耳朵会有很强的辨别能力，熟悉一根绳子不同位置的音高后，找到它的三分之二处和四分之三处也会变得很容易。

然而，音乐不仅涉及音调，还涉及节奏和节拍。节奏和节拍能够

---

1 戈特弗里德·威廉姆·莱布尼茨（Gottfried Wilhelm Leibniz, 1646 ~ 1716），德国自然科学家、哲学家、数学家，微积分的创建者。

唤起儿童的活力，他们非常喜欢让自己的身体和四肢动起来。

成年人，正如我们前面所说的，总是把数学这门学科与智力训练联系起来。因此，一直以来人们都需要做非常多的准备工作才能使得数学被孩子们接受。而要做好准备的，并不是孩子，而是我们自己，因为我们缺少对孩子以及对其成长过程中各个蜕变阶段的理解。一旦我们对此有所了解，我们就会开始在学校的体操房里教数学，因为数学是从身体、手臂和腿脚开始的。

数学始于混乱的混沌状态。所有古老的神话都告诉我们，世界的开始也是一片混沌，宇宙是在混沌中一点点慢慢形成的。算数和数学也是如此。我们越能深层次地激发人的内心，这个宇宙的基础就越牢固。

莱布尼茨知道这一点。他深深意识到，在内心深处，一个过程在发生，这一过程对于我们自己非常重要，而我们对于自己实际的样子其实了解甚少。

莱布尼茨是人类最伟大的数学家之一。如果命运有不同的安排，他也许会是一个非常了不起的游泳教练！因为这两个领域有一个共同点，那就是我们必须清楚地意识到，表面那些看得见的动作并不是故事的全部，相反，对我们造成巨大影响的是下面那些动作，令我们时而满怀快乐，时而满怀忧伤，尽管它们隐藏在我们的视线之外，或很难被我们看见。

孩子们首先以这种方式，在表面之下，通过"不清晰、不被注意的感知活动"，无意识地体验数学。我们的任务是为这些最初的数学体验找到一个合适的教室——一个合适的"游泳池"，如果可以这么说的话。比如，为什么不可以是学校的体操房？

到达那里之后，我们手拉手，再次围成一个大圈。我们绕着圈走，同时慢慢学会不要讲话，用心聆听地板上的脚步声。

在聆听脚步声的过程中，孩子们会慢慢踩出相同的节拍。我们学会让我们的脚步声更大或更慢，有时突然改变节奏，有时则慢慢变化。无需多久，我们就能随着老师的手势踩出相应的节奏。有时他把手抬高，有时又放低，而孩子们也相应地，先是重重踩脚，然后轻轻跨过地板。我们学会了用脚后跟和脚尖发出不同的声音。

但我们不仅有脚后跟和脚尖，我们还有左脚和右脚。而且它们不仅可以向前走、向后走，还可以向两边走。意识到这一点很重要，因为以后我们会用到这些步伐。

现在我们来练习使用左脚和右脚。我们重重踩右脚，轻轻踩左脚。如果大家顺时针向前走，踩在圆圈内侧的将是重重的脚步，踩在圆圈外侧的则是轻轻的脚步。由此而产生的"音乐"与之前截然不同。通过聆听这两种声音，我们意识到现在我们有了两种旋律。

我们也可以按节拍原地踏步，依然像之前那样重重踩右脚，轻轻踩左脚，以此保持相同的旋律。开始的时候，我们可以跟着旋律向前走，然后，当老师做出特定的手势时，我们开始原地踏步，并试图发出同样的声音。这样我们就学会了聆听。接下来，我们可以让一个学生站到圆圈外面，背朝着大家，试图听出前行和原地踏步的不同，这样我们必须更加小心，达到完美的程度，他才听不出来。

接下来，我们都面朝圆圈中心，按照这种轻／重、轻／重的节奏原地踏步。这更加困难，因为这一次我们无法效仿前面的人。相反，我们对面的人所做的动作看上去与我们是相反的，虽然实际上大家的动作完全一样。围成一个圈，面对着面，这并不容易，但这种"交叉"与我们平时握手时的交叉是一样的，彼此握手的两个人用的都是右手。

这时很容易会产生混乱。但同时，如果环顾整个圆圈，看到动作在圆圈中逐渐变化，我们会觉得非常奇妙。我们对面那个人与我们做着截然相反的动作，然而一圈看过来，到了我们旁边那个人时，他所做的已经与我们完全相同。

最后要做最难的动作。我们像之前那样踏步，不过换成一个一个接着做：第一个孩子踩出轻／重的节奏，然后是第二个孩子，就这样沿着圆圈向前。对于孩子来说，在别人踏步时站着不动并不容易，因此轮到他时，他常常会过快地踏下脚步，这样听起来就不对劲了。但慢慢地，每个人都能找对感觉，最后大家根本不需要去想，旋律本身就会告诉我们的脚如何去做。

在第一个游戏中，也就是大家聆听脚步声的那个游戏中，我们可以融入最初的数数练习。总会有一些孩子在上小学之前就已经会数数了，而数数不那么熟练的孩子则可以在这个练习中很快学会。开始的时候，我们数到 10，每踏一步就数一下。到 10 时，我们停一下，双脚一起跳。我小时候就是这么玩的，我们会数到 10—20—30—40……一直到 100，然后我们向后倒着数，让海浪带着我们后退，克服我们对冰冷大海的恐惧。我们向后数到 10，双脚落地，自豪地看着彼此。

我们也可以每数 8 个数字停一下，但这可能会更难，因为我们需要事先知道在哪里停，而有时 8 比我们所想的要来得快得多！

5 会来得更快，但当我们牢固掌握之后，我们也可以试着倒着数 5—4—3—2—1。开始的时候这非常难！双脚几乎像冻住了一样，每当脚踩到地板上之前，似乎都要犹豫一下。最后我们都做对了，但这时某个人可能会多踩出一步，然后说 "0"。没有关系，我们都可以来试一下，数到 "0" 时双脚一起跳，就像以前一样。

慢慢地，所有人都学会了。老师说 "预备"，孩子们就开始行动：

预备！ 1—2—3—4—5　5—4—3—2—1—0。

以后我们会回过头来讲 "零" 和 "预备" 这两个小小的词。

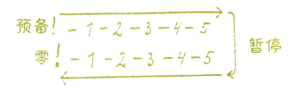

学会数到 10 之后，接下来就是继续数到 20，这要难一些。但如果我们继续让孩子在踏步走和有韵律的数数中熟悉这些单词，一年级学生很快就能自信地数到 20。英语国家和德语国家的孩子会比丹麦孩子更容易学会 10 到 20 之间的数字，如果我们在同一时期的语言课上让孩子们体会数字单词的发音，同时教他们拼写，他们就能很快找到 12 与 2、13 与 3、14 与 4……之间的联系[1]。有些单词可能依然难以理解，但在脚和韵律的帮助下，孩子们渐渐就掌握了。

现在孩子们感到自豪而快乐，他们可以数那么多数字，一个接一个，不会被人打断。这就是数数的独特魅力之一。通常，如果一个 7 岁孩子说些什么，针对完全同样的话，总会有一些成人认为是对的，而另一些成人则认为是错的！针对同样的故事，有的大人摇头干涉，有的大人则微笑着点头鼓励。然而数数则不同。一旦学会了正确数数，每个人都会点头赞许，人们对此没有不同的意见。他们可能会因为孩子老在数数而厌烦——要知道，我们在学校里就是不断在重复数数——但每个人至少会愿意听上一遍。如果他们真的打断，那也不是因为我们说错了，而是由于其他一些原因。

---

1 译者注：在英语中，12 和 2 分别是 twelve 和 two、而从 13 至 19 则是在 3 至 9 的后面加上后缀 teen。

连续数数是孩子生活中的基本体验之一，几乎所有人都曾在某个阶段体会过大声地重复数数所带来的纯粹快乐。这是因为孩子们可以从复述[1]故事及经历中得到满足，而数数和复述具有相同的基础。我们都知道，孩子们会由于好奇心而不断问问题，直到最后问题变得很荒唐，我们终于受不了，不得不打断他们，否则他们会无休无止地问下去。甚至孩子们自己也烦躁起来，但他们不知道如何停下，走出自己的游戏。但在数数时，情况就变了，因为怎么数都不会变得荒唐。如果有足够的精力，可以永远数下去而不远离现实，知道这一点实在是太棒了。每次当我们说出一个数字，我们已经知道另一个数字在等着我们，就在这个数字的后面。我们甚至知道这个数字叫什么。如果我们真的数错了，纠正我们的并不只是那些挑剔的家伙，对我们友善的人也会纠正我们。他们给出的正确答案也永远是一样的，不会出现意见的分歧。在数学中是没有争吵的。如果某个人现在不能理解某件事情，那么以后他会理解，当然，如果他愿意费心去理解的话。某个人自己的理解与所有人都同意的事情是一致的，这种一致不是通过投票，而是通过勤奋的学习获得的。

在其他国家，这些数字可能有不同的名称和发音，但这并不意味着这些国家的人们与我们意见不一致。在他们的名称和我们的名称后面，事实的数字是一样的，这些名称只是相同事物的不同表达。所以说事实是奇怪的东西，当它呈现为某种方式时，似乎与我们密切相关，

---

1 译者注：复述在英文中是"recount"，也有重复数数的意思。

当它呈现为另一种方式时，却与我们风马牛不相及。

每个孩子凭借直觉就知道这一点，而当他们带着发自内心的快乐数数时，一颗安全的种子便播在了他们心中，因为他们所知晓的事实是所有人都同意的。这个事实不是强加在我们头上的，而是我们欣然接受的，因为我们知道，唯一能够持久的自由就源于这样的事实，它不侵犯他人的自由，也不引起任何分歧。

因此，就让孩子们一直数下去吧！他们将第一次有机会与"无限"发生有意识的接触，这种体验非常重要。要想对数学拥有生动而实用的理解，这样的体验必不可少。

孩子们必须熟悉十进制，而通过数数，有无穷多的办法可以达到这一目的。如果我们的出发点是语言的声音带给孩子们的喜悦，我们就可以使用"跑数"（number runner）游戏。

首先，在地板上画一条长长的直线，在直线上用刻度线标出每一个数字，逢 10 以及 10 的倍数，则用较长的刻度线或不同颜色的刻度线标出。

然后，让一个学生担任跑数人。跑数人沿着直线走或跑，同时大声报出脚踩的数字，就这样一直跑到并数到 10。到 10 的时候，他暂停片刻，然后继续。就在他暂停的时候，另一个学生从"0"出发，然后与第一个孩子一起大声报数。每个人都可以听到，两个人报出的数是不同的，然而却有极大的相似。这样，无需过多解释十进制的结构，孩子们已经体会到十进制那富有韵律的特质，这种学习深入孩子的内心，任何理论解释都达不到这样的效果。如果让两个孩子分别从"0"和"20"同时出发，他们的理解就会更清晰[1]。或者可以让 4 个孩子分别从 0、20、30、40 出发。通过这样的游戏，孩子们可以体会到十进制的结构，尤其是，如果四个孩子可以数得很整齐的话。最后可以加入第五个孩子，让他从"10"开始，这样孩子们可以很好地感受从 10 到 20 之间这些特别的数字。

在第一学年稍后的时间，我们会让一些学生站在 10、20、30、40 等处，然后让跑数人从头开始：1—2—3—4 等。跑到 10 时，他拉住早已等待着他的那个朋友的手，后者说"10"，而他回答"加 0"，然后两人一起向前跑，到 11 时，朋友说"10"，跑数人说"加 1"。到 12 时我们听到的是"10 加 2"，然后是"10 加 3""10 加 4"等。对于孩子们来说，这听起来有点怪，但他们知道这一定是对的。这样跑到 20 的时候，数字 10 将跑数人交给数字 20，后者说"20"，而跑数人说"加 0"，这两个人继续向前跑，而数字 10 回到原来出发的位置，看是否还有跑数人跑来。他没有看到新的跑数人，因此开始观察跑数人和数字 20。这时跑数人已经向前跨了一步，大家听到的是"20 加 1"，这不仅正确，而且听起来非常自然，因为我们平常差不多就是这么数数的呀[2]。就这样，可以一直跑到 100。

---

1 在英文及一些欧洲语言中，21 中包含 1 的发音，22 中包含 2 的发音，23 中包含 3 的发音……但 11 和 1、12 和 2、13 和 3 的发音则不完全符合规律。
2 在英文中，"20 加 1"是"twenty and one"，听起来很象"21"（twenty one）。一些欧洲语言中也有类似情况。

回到10至20之间的数字，现在我们知道11(eleven)意味着10加1，12(twelve)意味着10加2。现在可以听听真实的数字，例如，到16时，我们听见数字6以及后缀"teen"，那么这个后缀的意思一定是10。经过前面的游戏之后，孩子们很容易就能听出来。

所以说，理解应该位于较后的阶段。首先应该是活动，然后才是理解。首先知道怎么做，然后知道为什么这样做。

以后教师会给孩子们解释十位数、百位数等，这时如果能够和孩子们一起回忆曾经玩过的跑数游戏，教师的工作会轻松得多。他们会回想起，从10开始，跑数人就不再是单独一人了，同样，从10开始，我们就不再只写一位数。再往后，我们可以与孩子们一起思考，如果当时我们跑过了100，游戏应该怎么玩。也许应该修改一下游戏，让当初充当10的学生一直跑到100，而不是每隔10就换一个学生。到100的时候，他会遇到另一个学生，这个学生将和跑数人一起继续。想象一下就知道，游戏开始时是这样的：

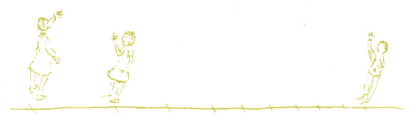

三个孩子准备开始练习十进制

从这个简单的游戏出发，可以阐释很多数字现象。在上面的游戏中，我们仅仅试图说明，从某个特定的点起，跑数人不再是独自一人了。由于他所处的位置，他必定得与另一个人"绑"在一起。这种联系是必须强调的。为了达到强调的目的，可以让孩子们手拉着手，或者用一条缎带把他们绑在一起。只有当他们倒数过了 10 之后，这种联系才能松开。[1]

还可以用下面这个游戏来学习十进制。

在地板上划一条从 0 到 100 的直线，分成 10 个等分。第一个学生用小步走，一直数到 10，到 10 的时候，他正好会遇到另一个学生，这个学生刚刚从 0 到 10 走出一条长长的弧线，同时拉长声音说了一个字"1……"，长度相当于第一个学生从 1 数到 10，因此他就代表十位。当个位学生一边快步走，一边很快数到 20，他的十位朋友又跨出第二条弧线，同时拉长声音说"2……"，就这样一直继续下去。而第三个学生则走出一条更加长得多的弧线，同时把声音拉得极长，说"1……1……1"因为只有当他在 100 处遇到另外两个朋友时，他才能结束这个"1"字。这时他才走完了他的一个单位。第二个学生以 10 为单位，已经走了 10 个单位。第三个学生已经走了 100 步。

接下来，我们需要把不同的位数（例如十位）写在正确的位置上。为此，我们可以在地板上并排画三条数字线，让三个学生分别"睡"在第一条线的数字 1 处，第二条线的数字 10 处以及第三条线的数字

1 原注：在丹麦语、德语等语言中，20 几、30 几、40 几这样的数字的读法和英语相反，不是"twenty one"（20 加 1），而是 one and twenty（1 加 20），这时可以对游戏做相应修改，让跑数者先说"1"，然后充当 20 的朋友才说"加 20"。

每个孩子对应十进制中的一个位数，或者说十进制中的每个位数对应一个孩子。

100 处。现在叫醒 1 处的学生，让他沿着自己的线往前走，去叫醒 10 处的学生，他们两个人一起并排往前走，去叫醒 100 处的学生。这些距离的比例应该是大致正确的。此外，往前走的时候，每个人手里都举着一个硬纸本，每一页上都写着很大的数字，边走边翻，这样其他所有学生都可以看到他们走到哪个数字了。谁走在右边、谁走在左边，这不会引起混淆，因为每个人都会看见，代表单个数字的简尼特走在右边，而代表 10 的约翰走在左边。同时大家会看见，简尼特忙着翻

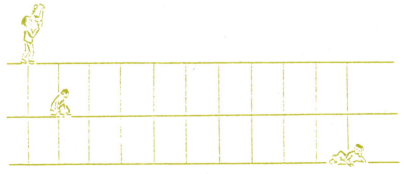

用三条数字线说明位数

她的硬纸本，而约翰则有很多时间。简尼特和约翰谁更忙，这是很容易记得的。但如果这些动作只是存在于思维中，那么第二天就只有很少的学生会记得。

只用一条线也可以说明位数。让孩子们面对观众，从右往左侧着身走，把硬纸本举在胸前。他们像上面一个游戏里那样前进，遇到他们的朋友时就叫醒他，用右边的肩膀推着他往前走。这样他们的位置正好与个位、十位和百位的书写位置对应。

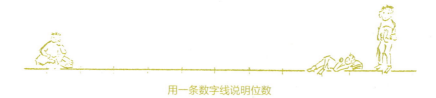

用一条数字线说明位数

现在让孩子们围成一个圈，面对中间，然后依次数数，每个人说出自己的数字。孩子们已经知道班里有多少孩子（如果没有人缺席的话），因此他们知道什么时候数完。如果我们问每个孩子，他们的数字是多少，我们会发现，只有少数几个学生还记得。某种意义上，在数数的过程中，他们将自己无私地融入了整体，没有意识到自己的位置。如果我们再来一遍，每个人都会记得他们自己的数字，然而，这一次，由于每个人都意识到了自己的数字，数数过程中的韵律反而丧失了。

现在可以让其中某些学生说出自己的数字，例如指着谁，谁就报数，让特定的数字关系显示出来。例如，我们可以听到5—7—9—

11—13—……一圈过来后，可以假装班上有更多的学生，让大家继续按这样的序列往下数。如果按照 2—4—6—……这样的序列往下数，孩子们就可以明白无误地听到 2 的乘法口诀表，尽管我们还没有介绍过乘法口诀表。也可以依次指向相应的学生，让他们说出 1—3—2—4—3—5—……这样的序列，如果要描述出来，那就是进 2 退 1。很快，不用老师指，孩子们就能把这个序列继续下去，他们眼耳并用，在数字的世界里如鱼得水。

在另一个游戏里，我们让 10 个学生围成一个圈，其余的孩子观看。这一次我们数到 30。事先我们告诉孩子，他们需要记好几个数字，因为我们不止数一圈。

随着练习的继续，大家记得越来越好，发现秘诀后，每个人都能说出自己的数字。

例如，皮特数了哪些数字？嗯，皮特的记性很好，他数了 3、13 和 23。

琼数了哪些数字？她数了 9、19 和 29。

约翰呢？约翰的记性不好，而且他的注意力容易分散，不过他的反应很快，他很快意识到他的数字一定是 7、17 和 27。

如果让大家再来一次，约翰很快发现，他的数字的确是 7、17 和 27。他突然变得非常专注，尽管数完三圈用了很长时间。他以前从来没有这么专注过。

第二天，让同样那些学生再做一遍这个游戏，每个人都知道会发生些什么。不过，这一次老师也加入了圆圈，因为他也想玩一下。他让自己站在 7 和 8 之间。约翰立刻知道会有一些变化。第二圈还没有数完，他就猜中了会发生什么，因此轮到他数时，他破坏了整个的韵律。这一次他数的是 18，刚数完，他就悄悄向左边的邻居耳语，下一圈他会数 29。

听完其他学生的数数（1—12—23、5—16—27 等）后，老师迅速换到 6 和 7 之间，新的一圈数数开始了！没有人意识到他换了位置，除了约翰和他自己。而他则迅速结束这个游戏，以便让约翰平静下来。

单纯的数数游戏，以及通过特定的方式数数从而达到某种效果，这是小学开头几年的重要内容。即使学生们在数数时已经非常自信，对于数字的构成也已经了如指掌，也依然如此。最好的游戏是站成一圈或绕圈走动的游戏。圆圈具有一种永恒的特征，因为它没有开始，也没有结束。圆圈还具有无穷的变化可能。在数学中，这是非常重要的两个方面。

不过，如果我们在教室里站成一长排，也同样会产生无数的可能性。例如，让 10 个学生站成一行，一个站在另一个的后面，然后从 1 数到 10，这样每个人都有一个数字。最后一个学生数 10 之后，就跑到队伍的最前面，然后数 1，其他的学生接下去再次数到 10。最后一个数 10 的学生又跑到队伍最前面，然后数 1。就这样，游戏继续下去，直到第一个孩子到达队伍的末尾，数的数字变成 10。通常，这个游戏不会带来任何困难。之后孩子们体会到，每个人也在做着整个队伍多次重复的事情，也就是从 1 数到 10，只不过只数了一遍，而且慢得多（以后可以告诉他们慢 10 倍）。不过，大家数的并不完全相同，因为每个人数的顺序不一样。第一个人依次数过的是：

$$1—2—3—4—5—6—7—8—9—10$$

第二个人是：

$$2—3—4—5—6—7—8—9—10—1$$

第三个人是：

$$3—4—5—6—7—8—9—10—1—2$$

第四个人是：

$$4—5—6—7—8—9—10—1—2—3$$

而第十个人是：

$$10—1—2—3—4—5—6—7—8—9$$

或迟或早，我们会要求孩子们把这些数字序列从头到尾写下来。这些序列中包含很多规则，对于孩子们来说，在这样的表格中寻找规律、获取新的发现是多么大的享受。

第二天，老师可以让学生们一齐大声说出第七个学生的数字序列，即：

$$7—8—9—10—1—2—3—4—5—6$$

说完 6，他们会紧紧地闭上嘴巴，表示他们非常清楚，数字 7 是不应该被重复的。在这短暂的沉默中，老师抓住机会让孩子们想象一下，如果一行有 12 个学生，第 4 个学生会报出哪些数字？

孩子们一齐大声回答：

4—5—6—7—8—9—10—11—12—1—2—3

也许，当孩子们看上去有些累的时候，可以玩另一个游戏。如果问他们累不累，或许会有孩子说不累，因此可以让他们站在全班学生前面。如果问班上的学生，3 个孩子可以数到几，他们很可能会回答"3"。不过，当第一个学生数完 1 后，他可以跑到队伍的末尾，等其他两个人数出 2 和 3 后，接下去数 4，尤其是，如果数数的速度不是很快的话。同样，第二个学生也跑到队伍的末尾，接下去数 5，以此类推。

游戏开始后，每个人都变得非常专注，疲劳的孩子忘记了疲劳，他们十分激动地跟着数数声，想看看最后能数到几。为了避免混乱，可以每数一下就拍一下手，保持一种缓慢而稳定的节奏，这样数过 20 之后，虽然数字变得更长了，也还可以从容数下去。到最后，所有人都累了，游戏便告结束。

如果有一天，我们厌烦了老是跑来跑去，就可以在教室里进行老师和学生之间的数字接龙。

老师说一个或若干个数字，学生接下去说同样多的数字。

师：1—2—3。

生：4—5—6。

师：7—8。

生：9—10。

师：11—12—13—14。

生：15—16—17—18。

师：19。

生：20。

这些数字可以用不同的声音、声调和语速说出来，接龙变得富有戏剧性，孩子们非常喜欢。数数的声音时而担忧，时而暴躁，时而生气，时而懒散，有时甚至显得昏昏欲睡。学生们也可以鹦鹉学舌，惟妙惟肖地模仿老师，用他自己的语调回敬他。

我们也可以每次说出同样多的数字，这样比较简单，而且这样一来，我们在不知不觉中学习了乘法表。

师：1—2—3。

生：4—5—6。

师：7—8—9。

生：10—11—12。

……

不过，到目前为止，我们还没有学习过乘法表。一旦我们真的进入到这一内容，我们不应该在教室里，而应该在体操房或某个大大的空房子里开始学习。

第五章

乘法表

人们通常认为乘法表是一个抽象而枯燥的东西，但实际上它可以带给我们很多的欢乐和游戏。

在成人世界里，我们需要在各种场合下用到乘法表，这是毫无疑问的。然而，在很大程度上，我们已经忘却了孩子真正的需要，却把我们自己的需要投射到他们身上，因此我们教乘法表常常就像在做面包却不放酵母。这样子做出来的面包是一块又干又小的面疙瘩，要花费许多唾沫，使好大劲儿才能咽进肚子。

那么，让我们换一种做法，借着数学的音乐，从运动和韵律开始吧。孩子们再次围成一个圈，顺时针向前走，每三步双脚一起跳：左一右一跳，左一右一跳。由于以前有过相应的训练，他们很快踏出了鲜明的3/4拍节奏。在有条不紊地踏出拍子之后，他们或许可以开始唱下面这首歌或其他熟悉的3/4拍歌曲。

Oh my darling

oh my darling

oh my darling

Clementine

you are lost

and gone forever

oh my darling

Clementine！

（哦亲爱的

亲爱的

亲爱的

克莱蒙汀

你走了

永远消失了

哦亲爱的

克莱蒙汀！）

对于老师来说，此时的问题在于，要在正确的时间开始唱，以便跳跃时正好在唱正确的音节，对于这首歌来说，要在唱"darling"中的"dar"时跳。

接下来我们可以尝试一些更难，然而身体感觉更加自然的游戏。让孩子们左—右—跳，右—左—跳，双脚交替着前进。每一种节奏都有它自身的特质。作为孩子我们感受着这一特质而并未意识到数字的存在。当我们换到四分之四拍节奏时，这种感受就更为强烈了。这是一个全新而深远的天地，每一个作曲家都知道这一点。这两种节奏是全然不同的音乐表达。

这一次我们踩着左一右一左一跳、左一右一左一跳的步伐前进。我们也可以在跳跃之后换脚，但这时换脚不像按 3/4 拍节奏前进时换脚那么容易，或者说不像那么自然，甚至感觉有什么地方错了。

学生们需要花很多时间练习这两种节奏，然后再逐渐开始练习真正的乘法表。首先他们必须真正体验到"音乐"，体验到不同节奏中的不同感觉。然后，让数字从节奏中自然地流淌出来。在唱歌时保持原来的节奏，用数字来代替歌词，就可以很容易地做到这一点。例如

$$1—2—3—4—5—6—7—8—9……$$

我们在 3—6—9……上跳跃。

在老师的帮助下，我们这样开始：

"预备"，1—2—3—4—5—6……

这个小小的"预备"很重要，后面我们会回头来讲。

如果我们继续到 30，数字变得更长，我们要说得很快才能跟上节拍。于是我们决定只在跳跃时才大声说出数字，中间的数字只在心中默默数出。

$$(1)\ (2)\ 3\ (4)\ (5)\ 6\ (7)\ (8)\ 9……$$

说出的数字是 3—6—9—12—15……

不过，即使在我们的嘴巴保持沉默的时候，我们的脚也一直在地板上踏出声音。我们的脚在数字和数字之间建立起清晰的连接，帮助

我们理解了乘法表是怎么一回事。

曾经有人说，在音乐中，最重要的不在于实际的音符，而在于我们的灵魂如何努力从一个音符到达另一个音符。音符犹如公路两旁的里程碑，带领我们向前的，是里程碑之间的路途。实际上，在我们的游戏中，正是那些无声的部分使我们的活动具有了内容。

对于乘法表来说也是如此。我们要体会的不是数字，而是数字之间那有待发现的空间。正是这空间使得每一个数字的乘法表具有了不同的特质，而我们的脚可以帮助我们理解这一点。

如果我们只是教学生们3—6—9……这些数字，那就好比教给他们波士顿和华盛顿之间的里程标记，这可说不上是地理课。

我们的思维可以跳过数与数之间的空间，但我们的脚却不能。我们的脚就像测量间距的标尺，孩子们就活在这些间距中。

全部的问题就在于如何带着孩子们体验这些间距。这才是正确的学习方法，在这之后我们才能学习边界之所在，也就是数字本身。

再一次，我们回到四分之四节拍。这一次我们数着数，每遇到4的倍数就跳一下：

1—2—3—<u>4</u>—5—6—7—<u>8</u>—9—10—11—<u>12</u>……

之后，我们只是大声说出4—8—12……但依然用脚步走出这些数字的间距。很快会发现，在说出的数字之间，间距拉长了，需要付出更大的专注才能保持节奏。不过游戏依然简单，我们会觉得，自己的脚仿佛自动在走。

从 4 到 5，我们遇到了困难。我们练习边走边大声数：

1—2—3—4—5—6—7—8—9—10……

当你自己这样做的时候，试着忘掉关于 5 的乘法口诀的所有知识。作为成人，我们知道我们要在 5—10—15—20 上跳，而孩子们并不知道这样一个序列，因此他们在学习一种节奏，而这个节奏并不容易。我们不妨记住，在孩子的生命中，他们只在极其短暂的一段时间里才有机会来体会这一节奏——作为纯粹的节奏来体会，因为 5 的乘法口诀实在太容易记了。

6 的乘法口诀要简单一些，因为它可以分为 3 加 3，不过不需要向孩子们说明这一点。他们只是感觉它要简单一些，或者感觉自己做得更好。6 的节奏可以很轻松地分为两个部分，就像我们可以很轻松地把六角星分为两个部分，它由两个三角形构成，没法用铅笔一笔画出来。这时，2 和 3 之间的合作变得很明显。3 拍节奏很容易掌握。我们很容易就踏出前后衔接的两个这样的节奏，就像我们很容易就看出两个三角形彼此衔接在一起。孩子们第一次体验到两个数字之间的合作，在这短暂的瞬间，他们窥探到一个全新的世界。

这提醒我们，我们跳过了 2 的乘法口诀。但我们很容易再次通过圆圈来学习：

左—跳—左—跳……

或者最好是：

左—跳—右—跳……

然后是：

$$1\text{—}\underline{2}\text{—}3\text{—}\underline{4}\text{—}5\text{—}\underline{6}\cdots\cdots$$

最后是：

$$(1)\ \ 2\ \ (3)\ \ 4\ \ (5)\ \ 6\cdots\cdots$$

现在我们第一次把圆圈打断。一些学生站在教室的一端，手拉着手。他们一起踏步向前走，边走边说 2 的乘法口诀：

$$(1)\ \text{—}\ 2\ \text{—}\ (3)\ \text{—}\ 4\ \text{—}\ (5)\ \text{—}\ 6\cdots\cdots$$

还没到 20，他们肯定就已经到达了对面的墙，但由于我们希望学习直到 20 的乘法口诀，因此我们需要回到开头，再试一遍，不过这次要用较小的步子。渐渐地，我们学会了把步子调整到适当的大小，这样我们数到 10 的时候正好走到教室中央，而数到 20 的时候则正好到达对面的墙。

现在我们可以用同样的游戏来学习 3 的乘法口诀。这一次，难度更大了！也许我们应该走出教室，找一个其他班学生看不到我们的地方。

接下来我们进入 4 的乘法口诀，5 的乘法口诀，最后还有 6 的乘法口诀。6 的乘法口诀很难用这种方式去走。不过可以让大家一起做某种手的动作，以此来代替默默地数数，而孩子们也很喜欢看到整整一排人一起向前跳。我们会注意到，在默默数数的时候，大家会更深地呼吸，更好地控制自己的动作，孩子们之间的合作也更加密切。

不过现在我们要回到 2 和 3 的乘法口诀。我们在地板上画一条长长的线，然后用短竖线把它划分成许多小段，每一段对应一步的长度。也许没有必要画这条线，但为了保险起见，我们还是这么做，因为我们现在要做一些真正有难度的事情了。我们要到以后才真正需要去学习这些内容，但既然班上的孩子们是这么聪明，我们可以现在先尝试一下。

两个孩子站在线的起点处，一边一个。一个孩子边走边大声说出 2 的乘法表，另一个孩子则边走边大声说出 3 的乘法表。一开始他们并没有拉手，但他们走得如此之好，因此他们试着开始拉手。这并不容易！不过幸好他们是好朋友，而且他们尽最大努力不让对方过于不自在。他们的友谊能够坚持下去，多亏了 6—12—18—24……这些数字的帮助，在这些数字上他们可以一起跳，而在

2—3—4

8—9—10

14—15—16

……

这样的数字上，他们简直要把对方的手臂拧断。不过，由于他们十分专注，节奏得以继续下去。这对于说 2 的乘法表的孩子要更难，实际上是加倍的难。

在下图中，我们用两条短横线表示跳跃，用一条短横线表示普通的步伐。我们可以看到两个孩子的步伐时而协调，时而不协调，两种状态有节奏地交替着。如果游戏进行顺利的话，我们仔细听就会听到

一种新的、由两个调子构成的旋律。两种相互冲突的节奏创造出了更高的和谐。

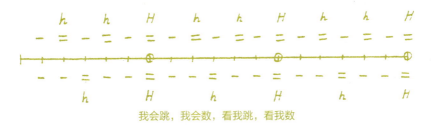

我会跳，我会数，看我跳，看我数

　　在这些插曲之后，我们又回到圆圈。我们手拉手，围成一个漂亮的圆。站在原地，开始做一个小小的游戏——手臂先向后摆动，然后向前摆动，同时数出相应的数字。2的乘法表又一次出现了，尤其是如果我们把手摆到身后的时候，不发出声音，只是在心里默数的话。如果我们能够从空中向下俯瞰，这一情景会非常悦目，特别是如果孩子们彼此靠得不太近的话。

俯瞰时的游戏场景

现在我们要问，我们可不可以一只手往前摆，另一只手往后摆，就像我们走路的时候一样。我们来试试看。首先我们放开彼此的手，试着像走路一样摆动它们。我们都以同样的方式摆动，所有的右手往前，左手往后，然后右手往后，左手往前。很快我们就走得很整齐了，不过只是手在动。很明显，我们的手无法相握，只能在挥动手臂时彼此相撞。我们都看得很清楚，如果要取得和谐，相邻学生的动作就必须相反。在这个时候，会有一些学生已经想到奇数和偶数。不过眼下我们采取一种实用的方法而不是理论性的方法，比如，我们选择5个学生，让他们站成一个圆圈。其中一个开始时右手向前，左手向后，他的两位邻居则以相反的方向摆动手臂，与他达成一致。但当这两个邻居的邻居试图加入时，却发现行不通。5个学生玩不起来这个游戏。

　　然后我们试着用6个学生，这一次可以。但7个学生时又出现了同样的问题，于是我们匆匆换成8个。突然之间发现，我们可以使用2的乘法表上的数字。我们称这些数字为"偶数"，每个人都觉得这个名字非常形象。其他的数字称作"奇数"，这也是一个很恰当的名字。

　　不过，体会这些偶数的最好办法却是一边数数，一边先往前挥一只手，再往后挥另一只手。不论我们是否彼此拉手，这都可以做到。你自己试一试，就会同意孩子们的意见：这不仅看上去很协调，而且做起来也很好玩。

同样，试着想象一下，如果孩子们以慢动作做这个游戏，从高空看是什么样子。作为成人，我们可以这样做，但孩子们更多是用肢体而不是用头脑来感受它。

像走路一样挥动手臂

接下去让学生们再做一遍这个游戏，问他们，如果人数为奇数，能不能做这个游戏。他们很快发现是可以的，只是要做些调整。一个学生可以两只手都往同一个方向挥动，从而成为左右邻居之间"失落的一环"。我们可以在另一个位置加上另外一个"失落的一环"，于是游戏呈现出新的形式。实际上，我们的人数再次变为偶数，并不真正需要这两环了。

下一个游戏，我们再次站成一圈。其中一个学生左脚先向前跨一步，然后右脚向前跨一步，同时说"1—2"。第二个学生也以同样的方式向前跨步，同时说"3—4"，圆圈中的其他人一个接一个继续下去，直到我们弄清楚，今天有多少只脚来上学了。第二轮的时候，我们把重点放在每一个第二拍上，重重地踩脚，这样2的乘法表就出现了。同样的方法可用于4的乘法表，只是这一次，每隔一个学生在向前迈出右脚时重重踩脚。这要难一些，有的学生会在向前迈步时踩脚，尽管他的数字不是4的倍数。但真正的困难是在我们试着以同样的方式练习3的倍数的时候。要过好久大家才会发现，之所以有问题，是因为两条腿的生物在试图踏出三拍子的旋律。有的人不需要踩脚，有的人需要踩右脚，有的人则需要踩左脚。邻居的脚会下意识地想要帮助，就像一个司机，即使坐在乘客的位置上，也会不由自主地做出踩刹车的动作。

这个游戏给学生们带来很多快乐。也可以只用少数几个学生试一试。只用3个人玩3的倍数是相当乏味的，但如果让2个或4个学生玩这个游戏，则会有意思得多。

所有这些游戏都可以修改为让孩子们坐在课桌上玩。例如，3的乘法表可以修改为在强拍时双手互拍，而在弱拍时则用手拍打课桌。一直到6的乘法表，节奏感都是非常强的，虽然孩子们事先并不知道这些乘法表。除此以外还需要其他的方法。基本上，是声音使得乘法表在孩子们心中留下印象，而不是让孩子们去硬记一系列数字。记忆在孩子们的学习中非常重要，但如何记忆也同样重要。

同样重要的是，这种学习乘法表的方法应该反映在孩子们的课本上，也就是说，以一种视觉的方式呈现出来。在后面的章节中我们会回到这一主题（第七章），并讨论如何用最好的方式学习较大数字的乘法表。

一直到现在，我们都没有提过应在课程的哪个部分使用这些游戏，甚至没有提到以何种顺序使用它们。每一位教师都会凭自己的经验知道，何时是使用特定游戏的"正确"时机。很大程度上，这取决于教师选择以什么样的顺序向学生教授数学，也取决于他使用什么教材。笔者在一所斯坦纳/华德福学校任教多年，根据学校的理念，也出于自己的信念，从不使用印刷的数学课本，而是根据班上孩子在不同年龄的需要来确定教学方法。笔者认为，不应让若干年之前所写的一本书（哪怕是非常出色的一本书）的作者，一位对我们班级逐日不同的需要一无所知的作者，来确定自己课堂上的讲授内容。

同样，我也不能在这里规定每个游戏的使用时间或顺序。确定何时何处使用这些游戏的，应该是教师——用自己的手指去感受班级脉搏的教师。出于同样的考虑，很显然，教师可以自由修改特定的游戏，以适应特定班级和特定情境的需要。

因此，请把前文以及后文所述的游戏仅仅当做能够以一种或另一种形式使用，从而给班级学习带来活力的建议。此外请记住，我们编这些游戏，首先——而且最重要的——是为了孩子们。这些孩子们来到学校，希望得到一个老师，而不是像经常发生的那样，得到一本课本。对于年级小的孩子，尤其在数学这门课上，就更是如此了。

数学这门课最显著的一个特点就是，我们很容易发现或创造出一些模糊的理论，去满足成人的智力。然而数学这门课，就其本质而言，是鼓励身体活动的，而身体活动是促进儿童意志发展所必不可少的。

第六章

更多乘法表——数字之间的关系

之前我们讲到了 2 和 3 之间的关系。所有数学教科书都非常重视这一主题，现在我们将结合小学低年级的教学需要，深入探讨这一主题。

学生们了解前面几个乘法表之后，我们可以再次进入体操房。让 12 个学生站成一圈，把右手伸到圈外。一个跑数人绕着圈子走，一边拍那些伸出的手，一边说 3 的乘法表。每当说出 3 的倍数，他就暂停一下，而与他拍手的孩子则蹲下。其余孩子形成一个合唱团，边拍边唱出 3 的乘法表。通常情况下，对于 3 的乘法表，我们会使用 3/4 拍节奏，但在这个游戏中，最好使用 4/4 拍节奏，这样要蹲下或坐下的孩子就有两个拍子的时间去完成他的动作。

用 4/4 拍节奏数 3 的倍数

跑数人跑完一圈，很快就有 4 个学生蹲下了，孩子们都觉得圆圈非常漂亮，而且他们也认出了这个图形。

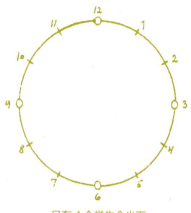

只有 4 个学生会坐下

跑数者继续往前走，他又一次经过那些蹲着的孩子，这一次他经过时他们站起来。因此，是同样一些学生在不停地站起蹲下。对于其他孩子来说，这个游戏变得很无聊，所以我们必须试一试其他乘法表。

在练习 4 的乘法表时，合唱团会唱一首 5/4 拍节奏的歌。很快，圆圈中的 3 个孩子蹲下了。孩子们又辨认出这个熟悉的图形，很早的时候他们就练习过。

当跑数人经过蹲着的孩子时，他重新站起来。这一次，新的孩子参与进来，但很快又成了老一套。

接下来是 5 的乘法表，这一次我们会看到一些令人惊讶的东西。你自己试一下，就会理解激动人心之所在。这一次，不再是同样那几个学生在不停地蹲下又站起。开始的时候，5 号和 10 号会坐下，接下来是：

$$3—8—1—6—11—4—9。$$

而且，一直到现在，我们还没有回到任何一个已经蹲下的人那里。这似乎很奇怪，不过，如果跑数人能够继续经过那三个依然站着的人——虽然有那么多的人可以选择——那就更加奇妙了。

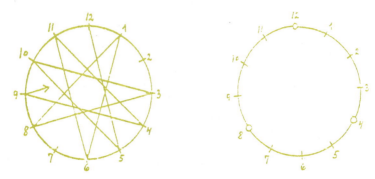

这一次，每个人都参与了游戏。

很快我们就发现，每个人都有机会。随着跑数人继续前进，大家越来越兴奋。他来到 2 的身边，然后来到 7 的身边，最后来到孤零零站着的 12 的身边，要知道，数字 12 曾经一次又一次眼巴巴地看着跑数人从他的鼻子底下跑过去。

游戏在继续，每个人又按照之前的顺序一个个站起来，不过这一次数字 12 可以不必那么紧张了。

第二天我们再次练习 3 和 4 的乘法表，不过这一次我们让圆圈的人数减少一个。结果与昨天的大不一样。如果圆圈里只有 11 个人，3 和 4 的乘法表就玩不起来。5 的乘法表也玩不起来。实际上，任何一个数都无法和数字 11 配合，于是大家认定这是一个非常特殊的数字。接下来，我们往圆圈里加入两个人，让人数增加到 13。又一次，我们发现了同样的结果。数字 11 和数字 13 属于特殊的数字群体，我们告诉孩子们，这些特殊的数字称作质数，并许诺以后会回来深入学习它们。

这些游戏还可以以另一种形式来玩。让 12 个孩子在地板上坐成一圈，给他们一个球，让他们把球滚给相应的人。三角形和正方形再一次出现了。当球滚给 5 的倍数时，所有 12 个人又一次全部活跃起来。练习得足够熟练以后，可以加入更多的球，直到星星形状清晰地呈现出来。

在数学中使用球，这本身就可以构成整整一章的内容。在一堂课中，球可以是噩梦，也可以是极好的帮手——如果教师富有创造性的话。球可以滚，也可以拍。同时，球敲击地面或墙壁时会发出声响，这样我们的耳朵可以听到乘法表的节奏。

在某些游戏中，也可以使用竹篾做成的球。如果需要使用许多球，或者如果这是一个非常安静的班级，那么竹篾球可以让教室里充满悦耳的声音。

数字 3、4 与数字 12 密切相关，为了向孩子们展示这一点，我们还可以运用另一种方式，而且在此过程中我们会遇到一些重要的新知识。

用粉笔（或绳子）在地板上画一个圈。然后像之前做过很多次的那样，把它分成三等份。让两个孩子站在其中一个标记处，一个站在圈内，一个站在圈外。其他孩子排在圈外孩子的身后。教师数"1"，站在圈内的孩子沿着圆圈跑到下一个标记。数到"2"时他又跑到下一个标记，数到"3"时他跑回第一个标记。这时站着不动的孩子伸出手，跑动的孩子经过时与他拍手。这样我们就以一种新的方式学习了 3 的乘法表。

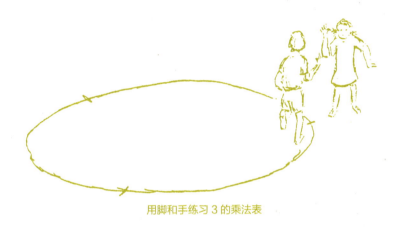

用脚和手练习 3 的乘法表

圈外的孩子回到队伍末尾。数到"6"时，跑数人第二次经过，第二个孩子与他拍手。如此继续，直到数字 10 在"30"上拍手并回到队伍末尾。

游戏之后问孩子们是否记得自己的数字。教师问队伍中的第五个孩子彼得，他的数是什么。彼得回答"15"。"凯伦，你呢，你的数是什么？"凯伦的数是 24，她在队伍中是第 8 个。就这样，大家发现，$15 = 5 \times 3$，而 $24 = 8 \times 3$。

当然，孩子们现在还背不出乘法表，但他们却知道了乘法表是如何构建的。在我们开始背诵乘法表之前，还有很多游戏要做。

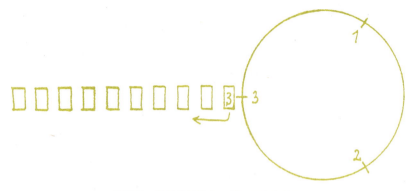

询问每一轮孩子的数字，学习乘法表结构

　　作为教师，如果我们认为一次练习就能让孩子们学会，那我们就犯了一个严重的错误。希望学生"理解"某个练习，这意味着我们忘却了非常重要的一点：活动中一次次的重复，对于孩子来说，就像呼吸那么重要。孩子们需要体验，也需要活动，这就是重复之所以如此重要的原因。思维可以在一次性的练习中获得满足，但在孩子所生活的"感觉"和"活动"的世界里，这一规则是不适用的。在理解这一点之前，我们不可能找到行之有效的方法。

　　在数学的教学中，我们决不应该持"学一次就够"的理念，尤其是如果我们考虑到孩子们内心隐藏的愿望。这些愿望会改变我们关于重复以及孩子感官的见解。一个孩子活动时，他不仅仅是在锻炼和发展自己的肌肉，他也是在全身心地体验各种不同的运动以及平衡关系，我们成人已经无法做到这一点，但可以从孩子身上意识到这一点。孩子们真的是在"品尝"运动，他们全神贯注地体验，一遍一遍地重复，直到周围的成人筋疲力尽，烦恼不堪。我们的记忆深处都沉睡着此类的童年经历，我们可以在多大程度上唤醒这些记忆，这决定了我们的教学能力，尤其是在使用重复帮助孩子的感觉发展方面。

在这里，我不得不提到鲁道夫·斯坦纳关于感觉的观点。过去人们认为感觉有 5 种，现代的人们则认为有 6 种，然而斯坦纳则描述了12 种感觉。帮助我们理解数学的，并不是那些与人的"意识"相关的高级感觉，相反，更重要的是低级感觉。现代的数学课本要求我们运用所有的智力去理解。我们经常听到人们说"我不知道数学在说什么""我永远学不会 2 加 2"。这些想法可以回溯到我们内心如此幽深的地方，为了理解它们，我们必须返回幼年时代，那时我们第一次学会站立、行走、保持平衡……我们都经历过这些，实际上直到现在还在运用这些本领。鲁道夫·斯坦纳所描述的其中一种感觉是"运动感觉"，通过它，我们可以体验身体运动的全部细节。运动感觉以及其他"低级"感觉在幼年扮演着非常重要的角色，而且极其深刻地影响了我们学习数学的能力。

因此，我们需要更深入而彻底地探讨如何进行数学的教学。我们要大力借助四肢的活动，并将重复视作教育原则，而不是不得不容忍的坏事。

我们再来看上一个游戏。我们让一个孩子绕着圈走，随着游戏的进行，以下数字依次出现：

3—6—9—12—15……

如果把圆圈分为 4 等分，则会出现：

4—8—12—16—20……

现在，让我们画两个圆圈（如下图所示）。两个圆圈有一个会合点，我们让两个学生站在这个点上，面对相反的方向，并将其作为起点。他们跟随教师的数数，同时朝顺时针方向跑。

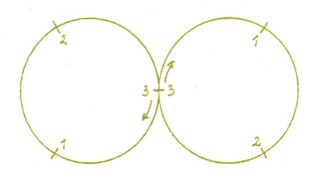

数到3时，他们在原点会合，彼此拍手。就这样一直到30。

我们以同样的方式练习4的乘法表，游戏也同样顺利。

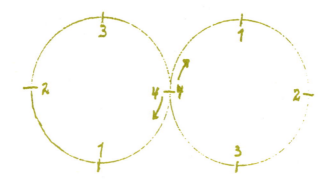

现在，我们把3的乘法表和4的乘法表放到一起，如下所示。

数到3时，第一个孩子回到原点，但第二个孩子还没到。显然他们无法会合并拍手。数到4时，第二个孩子想拍手，但第一个孩子已

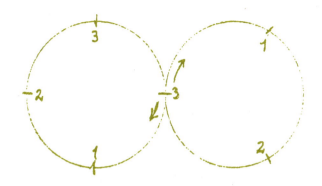

经在跑第二圈了。数到 5 时，两个人都不在原点。数到 6 时，第一个孩子又回到原点，但第二个孩子在圆圈对面。数到 7 时，两个人都不在原点。数到 8 和 9 时，两个人几乎要会合了。但这时 4 的跑数者先到达，3 的跑数者迟了一步。数到 10 时，旁观者简直要放弃希望了。但数到 11 时，空气开始变得紧张，最后到达 12，大家一片欢呼。如果我们让游戏继续下去，大多数孩子都会猜到，这个过程会重复一遍，跑数者会再次会合，有的孩子会说对那个数字——24。

这说明 3 和 4 与这样一个数字家族有关，是这个家族的一部分，它们是：

$$12—24—36……$$

在前面的坚果数学游戏中，我们已经知道，划分一个圆圈的方法有很多种。现在我们要利用这一知识来介绍很多游戏，并为今后很多年的学习打好基础。也许我们可以用同样的方式，把 3 的乘法表和 6 的乘法表放到一起。游戏非常顺利。2 的乘法表和 6 的乘法表也是如此。

现在我们试着把 2 的乘法表和 3 的乘法表放到一起。我们会发现，在两个孩子会合并拍手之前，3 的跑数者跑了 2 圈，而 2 的跑数者跑了 3 圈。这很好记。3 和 5 的乘法表放在一起时，两个孩子要跑很长时间才能会合，但这时同样的规则出现了：5 的跑数者跑了 3 圈，而 3 的跑数者跑了 5 圈。

现在我们想验证一下，这个规则是否永远不变。我们试了 2 的乘法表和 4 的乘法表，可是我们发现，2 的跑数者每跑两圈才拍一次手，而 4 的跑数者每次回到起点时都要拍手。

对于成人来说，这是显然的事情，也就是说，当我们思考时，我们觉得这是显然的。然而对于孩子却并非如此。相反，孩子通过观察看到这些明显的事实，而这就是这个游戏的价值所在。现在所观察到的事实，会给以后的思考打下基础，使思考变得活跃而生动。

例如，"以后"有可能是在孩子们进入四年级，要开始学分数的时候。一种非常有效的做法是在这个困难的主题开始之前说："你们还记得吗？两年以前，你们还是二年级学生的时候，我们玩了一个游戏，大家围成一个圈……"

他们会记得的，因为他们曾一遍遍全身心投入地做这个游戏，有的绕着圈跑，其他的忙着拍手。他们还会记得，当跑数者相遇时，他们又激动，又松了一口气，同时觉得太奇妙了，所以他们会说："啊，我想起来了，你说的是那个……"如果一种教育总能让孩子们有机会说"啊，我想起来了"，那就是最好的教育。

我们可以在教室里以另一种形式玩这个游戏。两个孩子面对面站着，各自先自己拍手三次，第四次相互对拍，如此持续：

1—2—3—4—5—6—7—8—9—10—11—12……

然后可以用同样的方法练习 3 的乘法表：

1—2—3—4—5—6—7—8—9—10—11—12……

现在，我们再来玩一遍这个游戏，不过这一次，其中一个人按 3 的乘法表拍，另一个人按 4 的乘法表拍。有时候，当一个人伸出手时，却没有人与他对拍，所以他只好在空气里空拍。这看上去很滑稽——如果站得离彼此足够远的话。可是，有时候两个人的手的确能够对拍上，能对拍上的数字是：

12—24—36……

玩这个游戏的时候，双方都一定要熟记自己的节奏，因为双方都很容易被对方分心。

练习得很熟练之后，我们可以把游戏再变化一下，不过这一次要更难一些。四个孩子两两相对，站成一个圈（如 84 页图）。其中一对拍 3 的乘法表，另一对拍 4 的乘法表。在 3 的倍数时，会有拍手，在 4 的倍数时，也会有拍手。他们掌握这个游戏的速度之快简直令人惊讶。一组人刚来得及把自己的手抽回来，就该轮到另一组人拍手了。不过，到 12 的时候，就乱成了一团。因此我们决定，在 12—24—36 等数字上，他们不与对面的人拍，而与左右两侧的人拍，于是这一刹那间就形成了一个圈。这个游戏需要注意力高度集中，不过它也带来一种令人激动的新的韵律。

拍 3 和 4 的乘法表。需要注意力高度集中。

当然，我们会使用这种方法继续练习其他乘法表。不过，3 和 4
的乘法表特别适合开始的时候练习。

我们也希望全班同学都能同时参与，因此我们让他们面对面站成
长长的两排。这样，每一对孩子可以练习不同的乘法表。

在这样的队形下，让孩子们尝试着一边数数，一边交替拍出 2 拍
和 3 拍的节奏：

1—2—3—4—5—6—7—8—9—10—11—12—13—14—15……

这样我们就拍出了 5 的乘法表，而从 2 开头的那个数列也是以 5
递增的。如果让大家仔细倾听我们所强调的数字，他们很快就能分辨
出来：

2—5—7—10—12—15……

就这样，他们学会了一种数字规则，以后我们将用到这个规则。

等孩子们进入五、六年级以后，他们将不再仅仅满足于看到乘法
表之间有许多共同之处，他们还要学习 $\frac{1}{2}$、$\frac{1}{3}$、$\frac{1}{4}$、$\frac{1}{5}$ 等。现在我们

所做的工作将为那时的学习打下基础。

现在，我们在地板上画一条线，边画边指出，为了把线分成三份，我们需要四个标记。

让四个学生分别站在线的两端，每端两个（见下图）。其中一个靠近这条线（称"内侧"学生），另一个离线稍远（称"外侧"学生）。

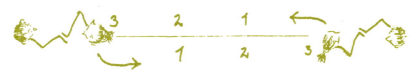

两个学生同时练习 3 的乘法表

现在，内侧的两个学生沿同一方向（例如按靠右行走的交通规则），绕着线迈步，并在到达线的末端时与站在那里不动的外侧学生拍手，这样就走出了 3 的乘法表（见上图）。随着游戏的进行，我们数出 3—6—9……老师在旁边数着数，当学生走到线的末端时，他停一拍，然后接着数，学生也停一拍，然后接着走。这个游戏练习得足够熟练之后，我们稍稍换一下方式，让学生迈着规则的步子，从一端走到另一端，不再停顿。这样，数字刚出口，他们的脚步也就迈出了，游戏变得更流畅，更有韵律，但难度也更大了。

我们使用 2、4 和 5 的乘法表重复这个游戏。教师鼓励大家去注意，每次会合发生在数字线上的哪个位置，这样可以加强他们对奇数和偶数的理解。教师可以问走动的学生，他们在哪个数字上与静止的学生拍手会合，走偶数乘法表的学生会很轻松地答出来，而走奇数乘法表的学生——以及所有其他学生——会疑惑良久。不过，"疑惑"可以为"理解"做好准备，所以对此不用担心。

现在，可以把游戏延伸一下（如下图）。三个学生分别站在三条线的外端静止不动，但中间三条线会合的没有静止不动的学生。每条线有两个跑数人，分别站在线的两端。游戏开始的时候，大家非常谨慎，老师数着数，学生在每个数字上停一下，直到老师数出下一个数字，像上个游戏开头那样缓慢前行。渐渐地，我们让学生连续迈步而不停顿。我们要留心遵守靠右（或靠左）行走的交通规则。三个学生有时会在中间会合，让会合者伸出右手握一下。到达线的外端时，则与等在那里、静止不动的学生拍一下手。

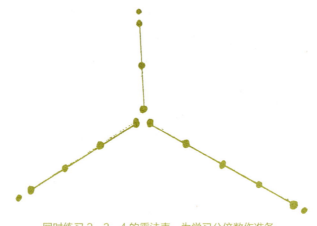

同时练习 2、3、4 的乘法表，为学习公倍数作准备。

现在，我们必须注意三线会合点所发生的事情。数 1 的时候，会和点没有人。数 2 的时候，2 的乘法表上的跑数人到达。数 3 的时候，

3 的乘法表上的跑数人到达。数 4 的时候，2 和 4 的乘法表上的跑数人
在中间会合。数 5 的时候，没有人。但数 6 的时候，2 和 3 会合。数
7 的时候，没有人。这时大家都在疑惑，三个跑数人到底能不能会合。
游戏继续下去，又一次，到 12 的时候，我们发现三个人真的会合了。

　　现在可以带入 5 的乘法表，与 2、3、4 的乘法表同时练习。孩子
们很想搞清楚这会是一个什么样的游戏，不过他们光靠思考是弄不太
明白的，因此我们开始游戏，看看会发生什么。

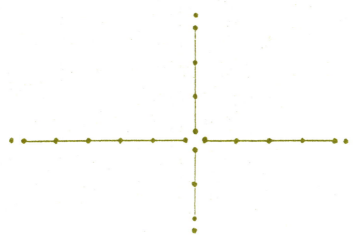

加入 5 的乘法表，游戏变得更复杂了！

　　这会是一个漫长而复杂的过程，不过绝不会枯燥，因为会有很多
戏剧性的事情发生。到达 24 时，大家极为兴奋，每个人都转头去看 5
的乘法表的跑数人，他破坏了一切，因为他还差一步才能与大家会合。
数到 25 时，他到了中间，可是其他人都离开了。到 30 的时候，情形
似乎好了一点，但是 4 的乘法表的跑数人却不在中间。到 36 的时候，

跑 5 的孩子又一次落在后面。到 40 的时候，跑 3 的孩子被落下了，这种情况可不常见。最后我们到达 60，所有的疑虑烟消云散。

使用下面的形式可以简化这个游戏，这种游戏方式的另一个优点是，它还可以用于其他目的及主题（例如行星轨道）的学习。

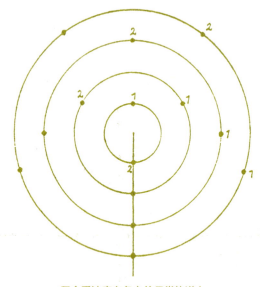

四个乘法表在各自的日常轨道上

孩子们很熟悉练习乘法表的圆圈。我们让孩子们排成环形，每个人有自己的轨道，所有人的起点在一条直线上。数到 1 时，直线不直了。孩子们疑惑着什么时候直线会回来。这个问题与前面的完全一样，只是表现形式有些不同，而这使得我们有更多的机会去了解数字。5之后的质数唤醒了孩子们的兴趣，因为这时起点线是空的。我们密切观察着起点线，撇开所有理论，我们发现，观察这些不规则数字时我们需要特别费心。数到质数时，起点线就变空了，从某种意义上来说，这些质数本身也是空的[1]。

我们花一点时间来关注其他一些因素，在与孩子一起工作的过程中，我们应始终对这些因素有所意识。将哪个孩子放在哪个圈中，这并不是一个不重要的问题。如果把一个活跃的多血质孩子放在中间，他会很喜欢一遍遍地转圈，我们很怀疑他是否会厌烦。即使他在到达60之前真的厌烦了，继续转下去对他也不会有什么坏处。然而这个位置却不适合黏液质的孩子，外圈对他来说会更好。外圈的位置同样适合抑郁质的孩子，当他绕着其他圈转时，可以看到整个的游戏。胆汁质的孩子应该放在多血质孩子的旁边。

在知道"60"这个答案之前，试着问大家，我们是否有可能同时回到起点。多血质孩子根本没心思去回答，因为如果管得不严的话，他早就抢在别人前面开始迈步了。胆汁质孩子很可能也已经开始行动，没准他还两步并作一步，这样可以早些把一切都搞定，也许他还会催促一下别的轨道上的孩子。黏液质的孩子会一圈一圈地走着，数着，央求大家安静些，别打扰他，虽然没有人听他的。而抑郁质的孩子可能会最终下定决心，认为唯一的答案是退回到零。

在所有这些游戏中，孩子们会体验到很多将来会有用的东西——与质数、最大公约数、最小公倍数有关的知识。所有这些体验都是将来恍然大悟的种子。

---

1 译者注：应指不能把质数分解成其他数字。

这些圆圈形式的游戏以后可以在很大程度上帮助孩子学习天文学，理解土星长而缓慢的轨道与绕太阳快速旋转的水星轨道如何产生合相。

我们还会注意到，游戏开始的时候，孩子们成一条直线，可一旦开始绕圈走，直线变弯了，最后成为螺旋形。如果孩子们共同牵着一根纱线或毛线，边走边从线团上拉长，线的形状就可以看得更清楚。如果我们使用较大数字的乘法表，例如 5、6、7、8 的乘法表，而不是 2、3、4、5 的乘法表，效果就会更明显。

通过数学课上的这类体验，我们可以发展出不同的主题，从而满足每一个孩子内心深处的需要——他们需要感觉到，学校里不同的课程和主题彼此之间是有联系的，体现着一个整体的不同侧面。

第七章

绘图与数学

　　下面我们来看一看，可以通过哪些绘画练习来帮助孩子理解乘法表。

　　我们让孩子们排成一条长队，从 1 开始，依次大声报数，如果报出的数属于 3 的乘法表，就往前跨一步。让大家留心看现在呈现出来的队形。

　　使用 4 和 5 的乘法表，重复同样的练习。

随着数字越来越大，跨前一步的学生之间的距离越来越大，留在后面的每组学生的长度也越来越大。练习 5 的乘法表时，每组有 4 个学生，练习 4 的乘法表时，有 3 个学生留在后面，而练习 3 的乘法表时，只有 2 个学生留在后面。

在接下来的游戏中，除了一个跑数人外，全班同学排成一条长队。跑数人根据选定的乘法表，绕着弧线，从乘法表中的第一个数跑到第二个数，如此继续下去。

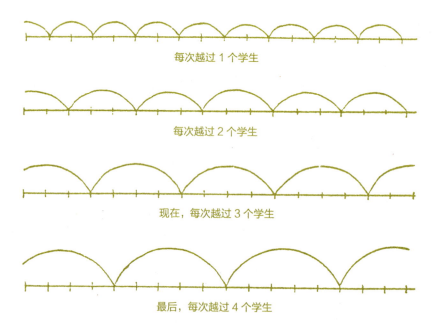

每次越过 1 个学生

每次越过 2 个学生

现在，每次越过 3 个学生

最后，每次越过 4 个学生

一定要让孩子们尽量深刻地体验这个游戏。之后我们可以开始另一个游戏：在地板上画一条线，均匀地划上数字标记，并醒目地标出 5 和 10 的乘法表中的数字。

让一个学生从 0 开始，沿着线走，每一步跨 3 个格子。他知道 3 的乘法表，却使用 5—10—15—20——……刻度线。我们希望这种一步 3 个格子的步伐深入到孩子们的血液中，因此我们一再练习，同时也练习其他乘法表，虽然孩子们还背不出它们。例如，我们让上面这位学生向前跨 5 步，每步 3 格，然后看看自己的位置。实际上他在学习：

$$15 = 5 \times 3。$$

根据其他乘法表，还可以做很多此类练习。之后，我们蒙上孩子们的眼睛，看他们能否停在正确的数字上。例如，如果老师说："请你走 4 步，每步 5 格。但首先请告诉我，你总共应该沿着线走出多少个格子？"孩子说出了答案，然后蒙上双眼。他沿着线开步走，当他停住脚步之后，老师解去他的蒙眼布，让他看看自己离目标有多近。结果很可能不令人满意，也许他超过了应有的距离，因此必须再试一次。这一次，他又没有到达应有的距离。不过，这样反复试过很多次之后，他最后终于差不多走对了。这有点像独眼巨人波吕斐摩斯的故事，波吕斐摩斯朝奥德修斯扔石头，第一次扔得太远，第二次仍得太近，不过不同的是，波吕斐摩斯只能扔两次。

与此同时，其他学生带着极大的兴趣观看着，他们在此过程中学到的东西远远超过我们的想象。之后每个学生都有机会去走，他们的数学能力将获得最大限度的提高。

头脑还不知道的，可以让脚先知道。

我们还要试一些较大的数字。我们对大家说："我们以后才会学习这些乘法表，不过我们来试一下，只是为了好玩。"假如我们——例如说——练习11的乘法表，大家很快会发现，跑数人无法跳那么远，不过有办法解决，可以让他的朋友一边一个架着他，让他悬空荡过去。

11—22—33—44——……

练习较大数字的乘法表时可以这样迈出巨大的步子

还有一个办法可以解决这个问题，那就是绕一条长长的弧线，从一个数字跑到下一个数字，例如从 11 到 22、33、44 等。

练习较大的偶数的乘法表时，可以单脚跳到中点，然后双脚落在乘法表中的数字上——至少我们可以试一下。这并不像听起来那么容易。我们会发现，实际上 6 的乘法表中的数字每隔一个就与 12 的乘法表中的数字（例如 12—24—36）重合。有的孩子会尝试着以同样的方法去走奇数数字的乘法表，而这会令他们去思考一些新的东西。

还有一个办法总是会唤起孩子们极大的热情。带一套撑竿到班上来，让大家用它们来练习乘法表。他们可以像撑竿运动员一样，跳得远远的，然后落在正确的数字上。之后的某一天，可以让他们把跳房子的石子扔到乘法表中的下一个数字上。他们会发现这要稍微难一些，但他们的观察力会变得更加敏锐。用这样一颗石子，加上数字线，可以很容易地练习加法以及数学中的其他内容。

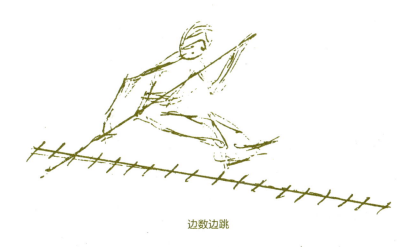

边数边跳

现在，可以让孩子们用不同的颜色在主课课本上画出这些游戏，如下所示：

孩子们再一次体会——这一次用眼和手——如何跳到特定的数字上，而其余的数字则被越过。如果我们——例如说——画出 2、3、5 的乘法表，一直到 30，那么很显然，下图中标出的这些数字就是被越过的。

随着学习的进展，一定要以这样的方法，越来越多地练习较大数字的乘法表。这些练习主要是为了帮助孩子们体验每个乘法表中的数列的行进以及彼此间的距离。练习 3 和 4 的乘法表时，跨步很容易，然而练习较大数字的乘法表时，就需要跨出更大的步子。我们发现腿不够长了，于是借助于"翅膀"，很快我们的翅膀也无能为力了，于是我们意识到需要找到更好的办法。接下来我们发现，我们的眼睛可以飞快地从一个数字跳到另一个数字，而最后，我们发现最快的方法是用思维来跳。至此，我们发现了一个不受任何限制的方法，我们可以从一个数字快速跳到另一个数字，想跳多快就跳多快，想跳多远就跳多远。但同时我们也知道,我们必须特别小心,因为跳得这么快是很容易出错的,尤其是在练习大的数字时。

一定要让学生们实际体验到,我们如何以很快的速度到达很远的地方。这一次,让加入游戏的十个学生沿着墙一字排开。慢慢数到10。第一个学生只往前迈一步,因为他代表1的乘法表,第二个学生在数到2时停下,因为他代表2的乘法表,以此类推。只有一个学生一直往前走,每报出一个数字就往前迈一步,一直到10。结果看上去会类似于下图中左边的那条斜线。

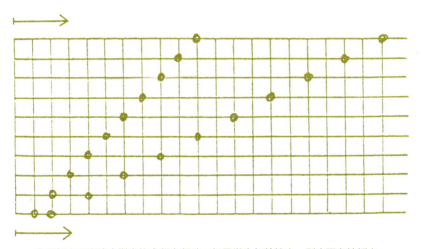

在黑板上画出这个棋盘格会很有帮助。如果学生年龄较小,则应画在地板上。

此时学生们的位置就相当于前面游戏中按不同的格数跨步后的位置——离墙最远的学生就相当于跨了10格的一步。

教师再次数到10,孩子们向前迈步。现在,每个学生按照各自的乘法表向前迈了两次,形成上图中的第二条斜线。此时,我们可以回到起点，再来一遍，不过这一次是以稍微不同的方式。当教师数 1 时，所有学生快速跑到第一次停下的位置，也就是第一条斜线处，教师数到 2 时，则跑到第二次停下的位置，之后以同样的原则继续。

孩子们可以看到，教室一侧的学生位置变化非常快，而另一侧的学生则慢得多。有些学生一下子理解了测量杖的原理，但他们需要更多的练习，所有人都应该去体会，游戏时位于线的左边、右边及中间是什么感觉。

如果这是一个二年级或三年级班，那么教师可以给大家讲一讲龟兔赛跑的故事，然后让他们演出来。为此，我们让不同的孩子扮演这两个角色，分别用"兔子"步和"乌龟"步穿过教室。扮演乌龟的孩子步伐应该很小，而扮演兔子的孩子则大步往前跳。让"兔子"和"乌龟"从墙出发，跳跃着，朝教室那头前进。他们用双脚跳，而且保持一致的步伐，尽管兔子要跳得远得多。这样用力地跳过之后，大家明白了 2 的乘法表和 10 的乘法表之间的区别。同时他们也更能理解，为什么长腿的兔子会这么累。

这时，一个很好的主意是让孩子们画出故事里的情景，画出赛跑过程中，乌龟和兔子在不同时间的不同位置。

我们一遍一遍反复练习，每个人既练习大步子，也练习小步子。练习大步子时，我们可能需要借助"翅膀"的帮助。再一次，我们蒙上双眼，试图走到正确的位置，然后检查结果，如此反复练习，直到基本走对。通过这样的游戏，孩子们会对空间关系有很好的直观感受。之后，我们摘去蒙眼布，再次练习——很快，孩子们就对数字之间的位置关系有了认识：6 在 5 后面 1 格，9 在 10 前面 1 格，12 在 10 后面 2 格，等等。

从感觉到认识——也就是对我们所做的事情有清楚的了解，这是非常重要的一个转化。与所谓的"认识"或"认知"相比，"感觉"更深地埋藏在我们内心深处。在此，斯坦纳关于"十二感觉"的理论对于我们很有帮助，他告诉我们，通过运动获得的感受和感知属于较低层级的感觉，而认识、判断和认知则属于较高层级的感觉。囿于本书篇幅，无法对此作进一步的阐述，有兴趣的读者可以参考斯坦纳的著作。

从直接的感受和感知发展到认识和判断，这还没有结束。我们可以在孩子们的帮助下做一个用于测量的仪器（如 100 页图），过去人们用它来测量土地，而我们要用它来测量我们的数字线。在这之前，我们一直在用脚测量。现在我们到达了第三个阶段，在"感受""感知"以及"衡量""判断"之后，我们有了一个技术工具，这个工具是身体以外的东西，与我们的肢体不再有任何关系，却可以被我们用来测量外部的世界。

现在，我们画在地板上的线必须非常精确。这不会有任何问题，因为这时候我们已经进入三年级，正在学习重量和测量。

现在，我们第一次从"技术"的角度来体验乘法表。我们的新工具不会犯错误，它的腿是僵硬的，它也没有感觉和情绪，也不用花时间去辨认自己在房间中的位置。

使用测量杖走乘法表

现在，可以用另一个同样的测量杖来做个比较。把第一个"测量杖"的跨度设为 4 格，第二个"测量杖"的跨度调为 2 格，两个跨度都要十分精确。第一个孩子让他的测量杖往前"走" 3 步，第二个孩子必须让自己的测量杖往前"走" 6 步才能赶上他的同伴。这是我们大家事先都知道的答案，不过我们可以想出许多类似的游戏。例如，如果小弟弟走了 10 步，大哥哥要走多少步才能赶上？或者，如果小弟弟只走了 5 步呢？是的，这意味着大哥哥要么会超过小弟弟，要么依然落在后面。因此我们意识到，如果小弟弟继续往前，大哥哥可以偶尔与其会合。小弟弟可以在任何地方停下，而大哥哥有时要显得笨拙一些。我们让大家把所有这些游戏都画在主课课本上，其中一个并非不重要的原因是，这样他们可以证明，他们知道测量杖的把手在每一次转弯时的朝向。

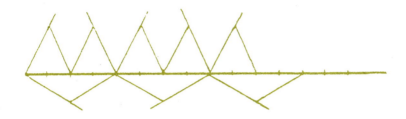

接下来，我们让跨度为 7 格的测量杖与跨度为 3 格的测量杖一起走，并问我们自己，这两个乘法表是否有可能相遇。我们发现他们在数字 21 处相遇，之后又在数字 42 处相遇。

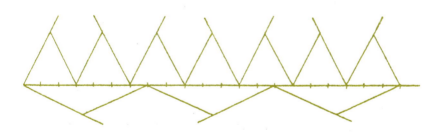

提醒孩子们注意，如果忽略把手的方向，这些图形是对称的。如果想要有更好的对称，可以使用跨度为 7 和跨度为 4 的测量杖，二者会在数字 28 处会合。

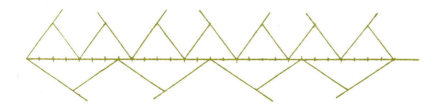

如果想要完美的对称，就得继续往前，上述两种情况下都得走完两个完整周期。自己去试一试吧！

这个简单的仪器打开了一道大门，孩子们由此可以做无穷无尽的练习，而且这些练习非常具有实际意义，即使做再多的卡车或地板条之类的"现实"算数题[1]，也不可能体会到这些。而且，我们的测量杖是自己亲手做的，一直就放在教室里，卡车和地板条就不可能这样。

现在，我们让一个学生站在数字线上的 0 处，另一个站在 50 刻度处，然后把测量杖的跨度调为 8。测量杖有没有可能落在 50 这个位置？如果不能的话，离 50 可以有多近？尝试过之后，我们可以把结果画在黑板上，也画在主课课本上。

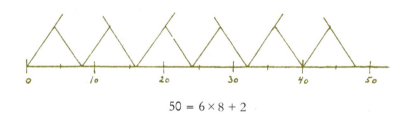

$$50 = 6 \times 8 + 2$$

很显然，使用一个测量杖是走不到 50 这个位置的。不过我们问自己，如果把两个测量杖的跨度都设为 8，从两头同时往中间走，它们有没有可能在中间相遇？不行，不管我们如何来来回回地试，两个测量杖总是差 2 格不能相遇。

---

1 译者注：指计算卡车搬运沙子或一块地面应铺多少块地板条之类的练习。

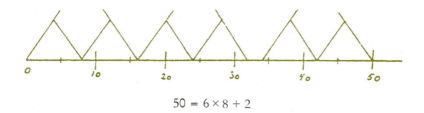

$$50 = 6 \times 8 + 2$$

两根测量杖之间也可能有 6 格重叠。

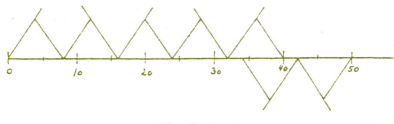

$$50 = 7 \times 8 - 6$$

如果我们把一根测量杖的跨度设为 8，另一根设为 3，它们会不会相遇呢？这个问题一提出来，班上简直吵炸了锅。我们要记住，但凡值得尝试的事情，总是从混乱开始的，我们的任务是要把混乱转化为秩序。

两个孩子开始尝试，用测量杖来来回回地走。他们求胜心切，一心要攻克这个难题，反而经常出错，只好一遍又一遍地重来。最后老师不得不出手干预，帮助他们更好地与对方协调。班上有的孩子意识到会背 8 的乘法表非常重要，这样才能准确知道游戏的进展。这样一来，他们也发现，事先思考可以给行动带来信心。

不过每个孩子会按照自己的步伐去发展解决问题的能力。

回到我们的测量杖游戏上来。我们发现，按照 8 的乘法表走到 48

时，离50就非常近了。因此我们让8的测量杖后退，让3的测量杖从50开始，紧随8的测量杖一步步前进。8的测量杖刚刚退回两步，退到32的时候，旁观的孩子们就叫嚷起来："它们要相遇了！"这样，我们就知道，50等于8的乘法表走4步加上3的乘法表走6次。

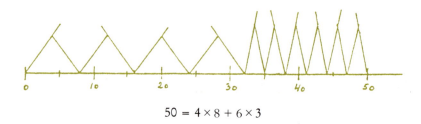

$$50 = 4 \times 8 + 6 \times 3$$

对于孩子们来说，这是一个非常难以理解的概念，不过他们喜欢用测量杖来工作。

如果我们让8的乘法表停留在最初的位置，一头固定在0处，而让3的乘法表朝着50一步步后退，又会怎么样呢？不管是完成这个游戏，还是在纸上画出，都有一定的难度。

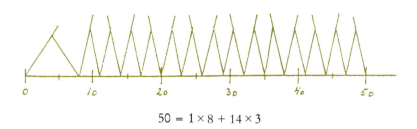

$$50 = 1 \times 8 + 14 \times 3$$

这个游戏总是会唤起孩子们的兴趣。它看上去就像是两个对手在战斗，但战斗的实质却是要双方合作，逐渐达成一致。这个游戏有很多种玩法，难易程度也各不相同。游戏当中还包含一些今后的数学课上会遇到的元素，不过有些学生现在就开始好奇了。例如，在下表中，第一列和第四列数字非常值得我们思考。

8	16	24	32	40	48	所有来自8的乘法表的数字
42	34	26	18	10	2	这一排数字中，哪些来自3的乘法表?
50	50	50	50	50	50	

这个游戏的另一些层面涉及含有两个未知数的等式，不过这对于三四年级的孩子来说还太艰深了些。

为了给下一个游戏作准备，我们让孩子们画一条数字线，按照5的乘法表标出数字。然后让他们用测量杖按照另一个乘法表——例如6的乘法表——在线上走。

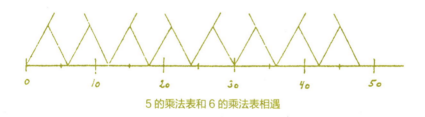

5的乘法表和6的乘法表相遇

然后让孩子们不用任何测量工具把一条线分成10等份，在这过程中他们可以学到很多。首先他们必须找到中点，然后要把每一半按照2∶3的比例分开，最后添加其他标记。

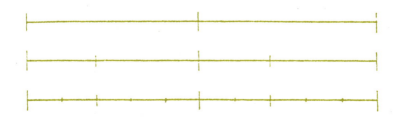

前面这两项练习都在为下一个问题做准备。首先我们观察 6 的乘法表如何在数字线上移动。我们发现，第一步跨出去后，比数字 5 多 1，第二步跨出去后，比数字 10 多 2，第三步则比数字 15 多 3。测量杖让我们直观地体会到这些事实，在数学中有许多显而易见的事实，这只是其中之一。在这过程中，我们要教孩子按照自己的方式去"思考"——这样可以锻炼他们的智力——但不用去讨论这种思考方式是不是最好的。让孩子跟随所有伟大数学家的脚步吧：首先是经验和直觉，然后才是思考。

显然，6 的乘法表总是超前于 5 的乘法表。5 的乘法表就像人行道铺路砖之间的缝隙，而 6 的乘法表就像我们大大的脚步。我们的脚步要比铺路砖的宽度略大一些，当我们跨出 5 步之后，每一步多出来的加起来正好是一整块面砖的宽度。在玩这个游戏的过程中，我们感受到一种韵律，事后也能够以这样或那样的方式把它画出来。在画图的时候，当初把一条线分为 10 等份的练习就可以发挥作用了。

让学生画 10 条彼此平行的长线，把每一条线分成 10 等份，这样我们就有了从 1 到 100 的刻度。现在我们要找到属于 6 的乘法表的刻度，用彩笔在上面划一个圈。此外，我们用三角形标出属于 3 的乘法表的刻度。如 107 页图。

我们可以看到，3 的乘法表和 6 的乘法表之间的联系是多么密切，也许我们还会发现，借助这两个乘法表可以找到 9 的乘法表。

其他每个乘法表都有各自不同的结构，显示出这个乘法表的某种特质。

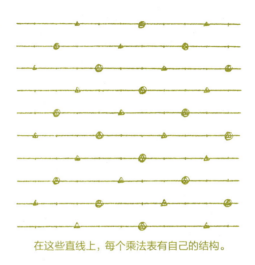

在这些直线上，每个乘法表有自己的结构。

不妨让每个学生画出自己的图形，不过要注意，不要在同一幅图上画太多的乘法表，那样就看不出清晰的结构了。但如果我们有一天果真放进去很多乘法表，例如从 2 到 10 的所有乘法表，我们也能从中学到一些东西——没有划圈的数字实际上是 10 ~ 100 范围内的所有质数。我们可以把这些数字写下来，获得一个质数列表。这个表不规则，也没有什么规律可循，与我们之前学习的乘法表完全不同，而且要困难得多。

到目前为止我们从两个角度讨论了数字。首先，我们试图描绘年幼的孩子凭直觉体验到的那种数字。我们将其称为"本质数"——虽然我们努力想要给它一个更好的名字——并渐渐揭示出数字中"质"的一面。我们认为，这种数字对于孩子来说是实际存在的，因为那么多的事例都告诉我们，早期的人们就是以这种方式来体验数字的，同时我们也知道，人类早期历史和儿童心灵的发展历程有着类似之处。

我们已经看到，这些数字与我们所谓的基数（或量数）实际上是一体的。它们的不同之处在于它们有"质"的特性——从某种意义上来说，我们觉得这是一种悖论，因为我们习惯了只看到数字中量的一面。我们看到的本质数总是与一些有机现象联系在一起的，与某个现象有关的似乎只能是某一个数字，否则的话，这种现象就不能作为一种有机现象而存在。例如，对于小孩子来说，他的父母是一对，构成了有机数字 2，这不是通过数数得来的，而是一开始就存在的。鸟嘴分为上喙和下喙，这又是一个有机的 2，之所以为 2，不是数出来的，而是存在于鸟嘴的特质当中。

另一个例子是手的功能。我们每个人都曾有过把一大堆零碎物件从一个地方搬到另一个地方的经历。例如我们要把一些杯子、碟子、奶瓶、刀、叉以及吃剩的食物拿走，或者把一堆木柴搬到火炉边去。搬运的过程中，有些东西要往下滑，我们挪动几根手指，想阻止那些东西掉在地上，弄脏地板。这时你可以暂停一下，体会一下自己的左手和右手在如何动。它们的姿态是多么奇妙啊！所有手指彼此配合，以完成一个共同的目的，这样的配合是我们在任何其他地方都看不见的。这种功能只能和 5 有关，但就像我们前面说过的，这个 5 不是靠数得来的。事后我们可以去数，可以观察我们如何得到 5 这个数，并由此判断出我们有 5 个手指头。数字 5 不是一开始就存在的，一开始存在的，只是手的功能——"一"个功能，这个功能背后是一个有机体，一个目的明确的整体。我们能够数，是因为有机体的功能有一种天然的韵律感，这种韵律感的存在使我们得以通过数的方式接触到数量，在这个例子中就是 5。

在我们的语言中，有"数"和"量"这两个词。我们可以用这两个词去区分两个不同的概念。"数"让我们联想到有机体的统一性。但我们必须理解，与"数"相关的是一种构造力，这种构造力将有机体划分为次一级的功能区域，在我们这些观察者的意识中，这些功能区域就化为了"数"的体验。大自然本身是没有"量"的，"量"之所以存在，仅仅来源于我们自身的创造性行为。大自然也没有任何"数"，只有上面提到的将整体分为部分的构造力。某些现代数学理论认为数是集合的特征，就像颜色是物体的特征，这其实是一个很大的错误。数字从来不能独立于人而存在。如果一定要使用诸如此类的表达，那我们只能说数字是我们人类的特征。有机体本身是一个整体，但是具有不同的功能，为了描述这种现象，我们使用了数字的概念。数字离不开活动。在人类自身之外，这种活动体现为将整体分为不同功能，而就人类自身而言，则体现为我们通常所理解的"数"。我们以这种方式体验到的数并不存在于外部世界中，并不是集合的特征。

如果我们花时间细心体验外部世界的实体，我们就会体验到量数。如果我们跟随自己的韵律感，让自己的手指"徜徉"在——比如说——

海胆的刺当中，通过这种有韵律的活动我们就会获得一个特定的数字。此时我们获得的是一个普通的基数，这个基数是某种身体活动的结果，无论是点手指头，掰脚趾头，或者仅仅是用眼睛点数。这些基数完全是我们自己的创造，它们并不存在于外部环境中。在这一点上，我们完全同意某些哲学家的观点——世界只存在于我们的想象中。

因此我们需要区分三种现象：在基数之前，我们体验到的是数的"质"；在此基础上，我们能够以富有韵律感的方式去数这些数；最后，我们获得的基数越过了"质"的范畴，成为单纯的量数。

前面几章我们讨论了前两个范畴，接下来我们来看一看第三个范畴。

第八章

作为量的数

对于孩子们来说，所有学习都必须从身体动作开始。让他们一边点着自己的手指一边数："1—2—3—4—5—6—7—8—9—10"，他们会发现："我有 10 个手指！"

与数字有关的一个基本的原型画面是与数数这个动作有关的，通过数数我们获得一个量，衡量了事物的多少。孩子们也可以去数自己的脚趾，然后发现自己有 10 个脚趾头。

手可以帮助孩子领会（comprehend）[1]，脚可以帮助孩子理解（understand）[2]。人类的认知从动作开始，而领会和理解是认知活动的最后一个环节。

根据这个原则，让孩子们拿一把坚果，一边数，一边把它们一个一个地放在桌子上，放成一堆。通过这样的动作，他们获得了一个基数词，例如说，12。一定要让孩子们专心致志地做出清晰的动作，这

---

1 comprehend 由 com 和 prehend 构成，意思是用头脑去抓住，去领会。
2 understand 由 under 和 stand 构成，其中 stand 是站立的意思。understand 可以指通过密切接触和长期体验而产生的理解。

不是浪费时间，对于孩子们来说，这是最自然的学习方式。

有些人会说，孩子们玩这些游戏的时间，早就可以做很多计算题了。可是他们没有意识到，正是这些动作和游戏为今后很多很多的计算打下了坚实的基础。他们也没有意识到，如果为了孩子"不输在起跑线上"，早早地就让他们进行计算，那么很不幸，他们实际能掌握的计算将会非常非常少。

刚刚说到，孩子们把 12 个坚果放在桌子上，成为一堆。现在让他们试着重新排列这些坚果，排成一个方方正正的形状。

就这样，我们从混乱中找到秩序。我们问孩子们，能不能用别的方式把坚果排成方形？当然可以！

接下来，我们离开教室，走进大厅。所有 25 个孩子聚集在大厅一头。让其中一个孩子把其他孩子排列成漂亮有序的方阵。这个孩子一个一个地为其他孩子找到位置，很快就出现了下面的方阵：

O—O—O—O
O—O—O—O
O—O—O—O
O—O—O—O
O—O—O—O
O—O—O—O

每一行的孩子手拉着手，大家以行为单位，一个接一个地齐声说：

"我们是 4。"

"我们是 4。"等等。

然后老师说：

"24 等于……？"

每一行相继说出自己的数字：

"4" + "4" + "4" + "4" + "4" + "4"，

最后每个人都知道了：

"24 等于 6×4。"

然后老师说"向右转"。孩子们都看过游行乐队的表演，知道该怎么做。现在出现了以下队形：

大家再次一行接一行地重复：

"我们是 6。"

"我们是 6。"等等。

"24 等于 '6' + '6' + '6' + '6'。"

"24 等于 4 × 6。"

现在，第 25 个学生需要把大家排列成其他的形状。

这一次大家说：

"我们是 12。"

"我们是 12。"

"24 等于 '12' + '12'。"

"24 等于 2 × 12。"

老师再一次说"向右转"，大家站成了下面的队形：

这一次大家说的是：

"我们是 2。"

"我们是 2。"等等。

"24 等于 '2' + '2' + '2' + ……"

"24 等于 12 × 2。"

老师再一次要求大家改变队形，孩子们根据命令前进、转身，寻找自己的新位置，其中有的孩子不停在转。最后出现了一个长长的队列：

孩子们说：

"我们是 24。"

"24 等于 24。"

"24 等于 1×24。"

老师最后一次说"向右转"，这一次每个孩子都单独成了一行。

这一次大家说的是：

"我是 1。"

"我是 1。" 等等

"24 等于 '1' + '1' + '1' ……"

"24 等于 24×1。"

最后这一轮的语调出现了变化。我们可以听出每个孩子的性格特点。有的孩子嗓音嘹亮，他们什么都喜欢自己完成；有的声音很害羞，那是一些正在寻找自信的孩子；还有些是班上的开心果，他们正在学习独立自主，在这个过程中获得了许多乐趣；还有一些像是没睡醒的声音，这些孩子正在学习准时。

第二天，我们再次进入大厅。这一次我们问大家，如果要排一个正方形，每边的人数相等，需要多少人？

立刻就会有学生回答："9 个！"于是我们来尝试一下。

$$O—O—O$$

$$O—O—O$$

$$O—O—O$$

不要忘记重复的重要性。我们把昨天的仪式又重复了一遍。

"我们是 3。"

"我们是 3。"

"我们是 3。"

"9 等于 '3' + '3' + '3'。"

"9 等于 3 × 3。"

让大家特别高兴的是，当老师说"向右转"时，整个队形一点也没变！有的孩子发现两个正方形并不完全一样，因为和他们拉手的人不同了。但如果只看队形的话，没错，队形是一模一样的。这个活动让我们体验到单纯的数字，以后我们还会反复体验这一点。

现在我们问，能不能排成一个小一点、每边人数一样的正方形？我们发现可以用 4 个人来排列。

我们问大家："能不能排成一个还要小的正方形，小到我们说'向右转'的时候，什么都不会改变？"很快有人提出，可以让一个人单独站在那里。

汤姆主动要求尝试。他站起来，走到大家面前。老师说，"向右转。"什么都没有发生，队形还是一模一样的。"嗯，"我们大声说，"汤姆算不上正方形，这个我们没法指望。不过 1 的确等于 1×1，所以我们假装汤姆不管从哪一面看宽度都是 1。"

最后我们试着用 16 和 25 排成正方形。班上只有 25 个孩子，所以我们没法排出更大的正方形了。

不过，我们可以用另外一些有趣的方法来排列 9 个学生。

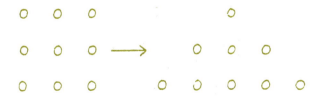

然后我们来排列 16 个学生。

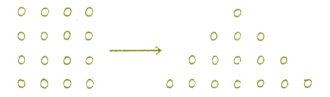

然后排列 25 个学生。

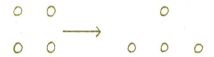

对了，我们忘了试一试 4 个学生。

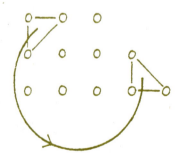

然后我们把整个游戏从头再做一遍，看看到底发生了些什么。例如，在排列 9 个学生的时候，发生了这样的变化：

我们可以用同样的方法来把其他的正方形排列成三角形。有一天，当我们的时间比较充分的时候，我们可以回到这个练习。看着这些三角形，从顶端到底端，一行一行地数，我们就会发现：

1 = 1,

$4 = 1 + 3,$

$9 = 1 + 3 + 5,$

$16 = 1 + 3 + 5 + 7,$

$25 = 1 + 3 + 5 + 7 + 9。$

在 1 个学生构成的正方形中，我们不需要移动人去构成三角形。

在 4 个学生构成的正方形中，我们需要移动 1 个人，也就是说，比上面多移动了 1 个。

在 9 个学生构成的正方形中，我们需要移动 3 个人，也就是说，比上面多移动了 2 个。

在 16 个学生构成的正方形中，我们需要移动 6 个人，也就是说，比上面多移动了 3 个。

在 25 个学生构成的正方形中，我们需要移动 10 个人，也就是说，比上面多移动了 4 个。

我们还发现，如果我们去数竖直方向的线，就会得到以下答案：

$1 = 1,$

$4 = 1 + 2 + 1,$

$9 = 1 + 2 + 3 + 2 + 1,$

$16 = 1 + 2 + 3 + 4 + 3 + 2 + 1,$

$25 = 1 + 2 + 3 + 4 + 5 + 4 + 3 + 2 + 1。$

我们按照以下方式重新排列一下，看起来漂亮多了，就像一个数字金字塔。

$$1 = \qquad\qquad 1$$

$$4 = \qquad 1 + 2 + 1 \qquad\qquad 多 3$$

$$9 = \qquad 1 + 2 + 3 + 2 + 1 \qquad\qquad 多 5$$

$$16 = \qquad 1 + 2 + 3 + 4 + 3 + 2 + 1 \qquad 多 7$$

$$25 = \quad 1 + 2 + 3 + 4 + 5 + 4 + 3 + 2 + 1 \qquad 多 9$$

这样排列过之后，我们很好奇，想知道如果按照数字金字塔中的数字来排列，会得到一个什么样的形状。例如，我们拿出 9 个坚果，按照数字金字塔中的 9 = 1 + 2 + 3 + 2 + 1，我们排出这样一个图形：

我们发现，把这个图沿某个角稍稍旋转一下，就是原来的正方形。我们本来就应该知道的。

在前面几页中，我们做了很多与加法和乘法有关的计算，大多数情况下我们都很"幸运"，这些数字恰好可以做这些计算。现在，我们拿出 14 个坚果，把它们排成长长的一行，彼此靠得很近。然后我们每隔一个坚果就拿走一个，把它们握在手中。现在，剩下的坚果彼此之间的距离变大了。现在我们把手中的坚果排到原来那行坚果的后面，并且让每两个坚果之间保持一致的距离。现在这 14 个坚果看上去好像比原来增多了一倍。

我们再次重复上一个步骤，每隔一个坚果就取出一个，把它们排在原来那一行的后面，每两个坚果之间保持一致的距离。现在坚果所占据的空间变成了原来的两倍，最初那一行的四倍。坚果的数量依然是 14 个，但由于位置的变化，它们占据了更多的空间。如果我们愿意的话，我们最终可以把它们拉长到能够环绕整个地球一圈。

很多人都知道，5～6 岁的孩子常常根据物体所占据的体积来衡量其数量。为了帮助他们走出发展过程中的这个阶段，其中一个办法就是让他们体验若干个物体之间距离的拉长和缩短。通过重复这样的练习，他们慢慢会意识到，数量不是由大小决定的。

在大厅里，我们让 14 个孩子来做同样的练习。让 14 个孩子排成一行，依次报数。报到 2 的倍数的学生向前跨一步。这很简单，而且看上去也很漂亮。新的一行学生手拉着手，这样他们可以保持原来的队形，作为一个整体移动到原来那行的末尾，确保每两个学生之间的距离保持一致。现在他们的长度是原来那行的两倍。

我们再一次重复这个过程，队伍的长度变成了第一次的四倍。我们只能把队伍拉到这么长了，因为现在我们几乎要大声喊叫才能彼此听见。事实上，如果我们把队伍拉长到能围绕地球一圈，我们就需要使用电话了。至此，学生之间的距离开始以非常快的速度增大。我们第一次接触到数字的"自乘"。

不过我们还是靠近一些吧。让队伍回到原来的长度。这一次，最后一个学生跑到第一个学生前面站着，倒数第二个学生跑到第二个学生前面站着，以此类推，直到我们拥有同样长度的两个队列。如果大家彼此之间还有空隙，还可以再挤一挤的话，队列本来可以更短一些，但由于我们已经肩并肩靠得很紧，这显然不可能了。如果我们只是线上的一个点，我们是可以做到的——以后我们会再回到这个话题。

我们以一种特定的方式，将队伍折叠了起来，将它变成了 7 + 7，这有点像折叠一张纸。一张纸折叠起来以后，厚度也会增加一倍，长度则缩短到原来的一半。我们可以把折叠后的纸再折一次，但这个队列就无法再折一次，因为每队的学生数量为 7。如果要再折叠一次的话，我们需要一个偶数。

现在我们把游戏稍微改变一下。像以前一样，让 14 个学生站成一行，最后一个学生跑到第一个学生前面站好。

教师说：

"14 等于……？"

新队列中的学生回答：

"1。"

老队列中的学生回答：

"加 13。"

原来那排中的学生一个接一个地跑到前排来站好，直到旧的队列消失，新队列取而代之。在此过程中，对话是这样的：

教　师："14 等于……？"

新队列："2。"

老队列："加 12。"

教　师："14 等于……？"

新队列："3。"

老队列："加 11。"

……

教　师："14 等于……？"

新队列："14 加 0。"

对于孩子们来说，这只是一个简单的加法游戏，然而这个游戏却很重要，原因有好几个。最初，两个队列声音的响亮程度创造出一幅声音的图景，反映出数字的变化。开始的时候，新队列的声音很羞涩，而老队列却充满自信。随着队列人数改变，这一情形慢慢改变，直到最后新队列大声说出"14 加 0"。每个人都有机会为自己的队列而战，然而没有一个人会输。

今天的最后一个游戏，是让 16 个学生肩并肩站成一排。我们一次又一次地重复折叠这个队列，最后会出现一个新的队列，与原来的队列成一个直角。也就是说，如果我们折的是一张纸，理论上我们可以一直不停地折叠下去，直到最后这张纸重新变得薄薄的，不过是在另一个方向上。

第一次折叠　第二次折叠　第三次折叠　第四次折叠

在第一条垂直的队列中，16 个学生面朝同一个方向。
折叠 4 次之后，变成每两个学生彼此面对面站着。

如果在原来那个队列中，孩子们是脸对着别人的后脑勺站着的，会怎么样呢？或者更有意思的，如果每两个学生将手搭在彼此的肩膀上，又会怎样呢？我们可以试一试。这两种情况都为我们将来学习几何体的旋转做好了准备。一队学生同时移动而不改变原有形状的那一刻是非常重要的。这时每个学生既需要关注自己的位置，也需要专注旁边人的位置。第 118 页有一个涉及图形旋转的练习。为了让图形在移动过程中保持不变，我们可以让孩子们手拉着手，把图形"锁定"。

第二天，我们教孩子们用以下方式写下数字相加的过程。

$16 = 2 \times 8$

$16 = 4 \times 4$

$16 = 8 \times 2$

$16 = 16 \times 1$

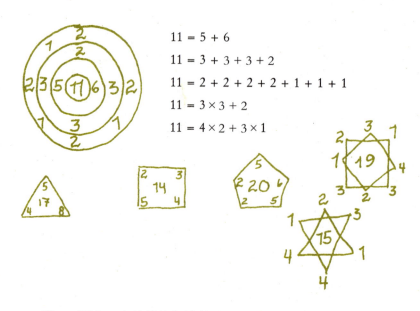

$$11 = 5 + 6$$
$$11 = 3 + 3 + 3 + 2$$
$$11 = 2 + 2 + 2 + 2 + 1 + 1 + 1$$
$$11 = 3 \times 3 + 2$$
$$11 = 4 \times 2 + 3 \times 1$$

第 123 页有一个简单的加法游戏，从好几个方面来说，这都是一个重要的游戏。我们再来看一下。

$$14,$$

$$1 + 13,$$

$$2 + 12,$$

$$3 + 11,$$

$$4 + 10,$$

$$5 + 9,$$

$$\cdots\cdots$$

$$14 + 0。$$

然后我们考虑以下几种情形：

给孩子一把坚果，比如说，20 个。让他们把坚果放在桌子上，然后分成两堆。孩子们可以自由决定如何去分。某个孩子决定在其中一堆中放 7 个，以前做过的跑数游戏以及其他一些经验使他知道，另一堆的坚果数量一定是 13。于是他写下：

$$20 = 7 + 13。$$

他知道这是正确的，因为他可以数坚果的数量。现在他用其他方法来分坚果。只要他愿意，他就可以通过数坚果来检查自己的答案，不过很快这就没有必要了。几分钟之后它写下了以下算式：

$$20,$$

$$7 + 13,$$

$$11 + 9,$$

$$6 + 14,$$

$$……$$

最后他把这些算式按照正确的顺序排列并写下来：

$$20,$$

$$1 + 19,$$

$$2 + 18,$$

$$3 + 17,$$

$$4 + 16,$$

$$……$$

于是他发现自己已经列出了所有可能的组合。按顺序写下所有算式这样一个富有韵律的过程验证了他自己的结论。

以上我们用"分解"（analytical）的方式学习加法，与其相反的是"合成"（synthetic）的方式，也就是让孩子们解决以下形式的问题：

$$7 + 13 = 20。$$

我们曾一再触及儿童心灵本质的问题，在谈到丹麦政府"蓝皮书"的时候，我们就探讨过这个问题。如果我们要将蓝皮书的建议——"第一要务乃是……活动和体验"——付诸实践，将其体现在最为具体的教学方法中，那么毫无疑问，如果孩子们能够选择的话，他们将毫不犹豫地选择用分解的方式学习加法。使用分解的方法时，他们能发挥主动，让自己的想象自由驰骋。他们将有机会做决定，并体验决定的结果，这对于幼小的孩子来说尤其有益。实际上，我们常常让我们的孩子去做一些他们那尚未成熟的心智所不能胜任的决定。然而通过这种算数方法，我们可以锻炼他们的能力而不给他们造成过度的负担。他们越来越兴致勃勃，想要找出所有答案，直到列出全部可能性。与此相反，使用"合成"的方法时，孩子们找到的将是别人已经知道并且期待他们去发现的答案，其目的是知识的学习。而使用分解的方法时，其目的是活动和体验本身。

孩子们两种方法都应该学习，但首先他们应该以分解的方式来学习，因为这满足了他们最根本的需要。同时这也触及到儿童本质中更深的层面。

我们常常用"见树不见林"来形容那些纠缠于细节却看不见整体的人。这常常用来指那些因多年来潜心钻研某个特定领域而难以自拔的人。从很多方面来说，这都很好地刻画了当今时代的社会和人。

没有受过此类训练的孩子也许可以被称作一个"见林不见树"的人。小孩子将其所接触到的一切当做一个整体来接受，不加判断地吸收周围环境中的一切，不论是好是坏。孩子的视野宽阔得令人难以置信，然而在那宽阔的视野里，没有任何鲜明的细节。相反，我们成人只能看到一个狭小天地里的事物，然而所有细节历历在目。

孩子体验到的是整体，例如他的父母，父母对他的情感，父母之间的情感等等。但是他无法对自己或他人解释自己所体验到的东西。因此他通常只能任由环境摆布。

同样，当孩子靠近一片树林，他所体验到的是整片树林。走进树林之后，对他来说那还是一片树林，凉爽静谧，微风吹拂，树木轻轻摇摆。然而成人却以一种完全不同的方式走进树林。我们可以打个比方：成人好似举着望远镜，所有的注意力都放在一小丛树木上。他立刻就注意到砍伐留下的树桩，然后也许就开始数年轮，计算树的年龄。与此同时他的小儿子却因为那一圈一圈又一圈的树轮本身而感到快乐。

因此，请记住这个树林，允许孩子们先体验整体，然后再体验整体中的每个部分。

这就是之前我们探讨第一组数字——"本质数"时所采用的方法。我们允许自己先去体验整体——例如多足的海星。从五个脚的海星身上，我们体验到本质数 5 以及它所具有的量的特质。从海星这个整体中，我们得出了数字 5，而 5 是蕴含在整体之中的——就像我们可以在圆圈里画出五角星。因此我们可以说，"完整"是最大的数字，而数字越"大"，实际上反而越小。就本质数——或精神数——而言，这样说完全正确。

量数是通过"分"的过程来到这个世界上的，同样，孩子们通过"分"——而不是"加"——的体验来体会量数的存在。因此，从一开始就让孩子体验一个一个数字相加可以得到 5，这并不是一种正确的方法，这种教育方式并不符合一年级学生内心的期待。下面这个图不能代表数字 5：

这个图体现了合成的过程，是由一个个小的部分构成的。

孩子们需要通过某种活动，把来自内心的东西展开，他们需要的不是外界强加给他们的东西。对于孩子而言，数字 5——如果要用此类图形来表示的话——是这样的：

我们如此习惯于从一开始就交给孩子加法，因为这是四则运算中最简单的一种。如果从合成的角度来说，这无疑是正确的。但如果我们最后明白，分解更加重要，那么开始的时候只有一种方法，那就是让孩子们用某种方式去划分整体，例如在圆圈中画出星形。

这就好比当我们站在北极时，我们只能向一个方向移动——南方。跨出第一步之后，立刻就有了四种可能性，南方只是其中的一种。我们发现数学也是这样。在我们拥有可以计算的任何数字之前，我们必须先分，这以后我们有了四则运算，除法（division）[1]只是其中一种。

说到这里，我们想起一件非常有意思的事情：从历史的角度来说，1是直到不久以前才被视作一个数字的。一直到 15 世纪，荷兰数学家西蒙·史迪芬纳斯[2]（Simon Stevinus）才证明出 1 是一个数字。在那之前 1 被视作所有数字的源头，就像世界诞生于造物主之手。在古代，上帝的名字是如此神圣，没有人敢提到它，对于数字 1 来说也是如此。

因此，数字的世界从 2 开始，因为 2 是整体划分过程中所产生的第一个数字。2 比 1 小，也比 1 少，因为它来自于 1。

当 1 不再是源头和整体，而只是一个数字，当从 2 到 1 的距离不再是创造者和被创造者之间的距离，1 就变成了一个量数，泯然于众多数字之间。这时人们有必要确定它相对于起点的大小，于是加入了 0，0 和 1 之间的距离开始代表整体。新的起点本身就是一幅图画，0 具有圆圈的形状，象征着整体。

从那一刻起，1 不再是所有数字中最大的，相反它成了所有数字

---

1 在英语中，"除"（divide/division）和"分"（divide/division）是同一个词。
2 西蒙·史迪威纳斯（Simon Stevinus，1548 ~ 1620），荷兰数学家和工程师。

中最小的（确切说是所有自然数中最小的）。这时"越往后数，数字越大"这种说法就正确了。当我们说，孩子们一定要从整体开始，我们要考虑到两个方面。首先我们要从"本质数"的角度来考虑，让孩子们把整体划分为各个部分（在圆圈中画星的形状），这样我们就满足了对数字质的一面的需求。稍后我们可以给孩子们一把坚果，将其视为一个整体，一个集合，这就是开始时的那个数量，只有将其划分之后，我们才能做其他数学运算。通过划分和分配我们获得了各个不同的部分，从而满足了我们对分解的需求。在以上两种练习中，通过从整体过渡到组成部分，我们展示出数字中基数的特质。在这两种练习中，我们都采用了数数这一有韵律的活动，因而带出数字中序数的特质。

在分解活动中，我们接触到算数的元素和基础，也接触到数字世界本身的元素和基础。因此最重要的一点是，我们要意识到——尤其在年幼孩子的教学中——数字并不存在于周围环境中，而是仅仅存在于人类头脑的分析活动中。因此"分"（division）是数学的起点，这里所说的分并不是四则运算中的除法（division），而是对整体进行分解性的研究。如果把数字向外投射到外部环境中——例如投射到教室的窗玻璃上，那就完全弄错了数字的来源和归属，同时也没有看到人类最伟大的能力之一。

给孩子一块黏土，让他把它分成若干份，例如说，三份。当他这样做的时候，从他的表情中，你可以看到数字的古老源头。同样，让两个孩子拉紧一根绳索，让另一孩子抓住绳子正中间的位置。从这个孩子斟酌的眼神和犹豫的动作里，你会再次体验到数字是如何诞生的。

找到绳子的正中需要一双准确的眼睛

然后让两个孩子合作，把绳子分成三等份，这时你的休验就更加深刻了。

分成三等份可不容易！

最后，让一个孩子抓住绳子的一头不动，让他的伙伴抓住另一头，一圈圈甩动。这样他们就看到了一幅"整体"的图景。

老式教学中第一节数学课上的有趣游戏

然后让孩子们练习用下面这种方式甩动绳子。

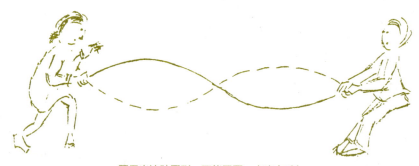

要甩出这种图形，可能需要一点魔力哦！

如果观察孩子们做这个游戏，我们会看见，当游戏渐入佳境，一个数字也悄然诞生了，尤其在他们做好准备，第一下甩动绳索的那一刻。

之后我们可以在课堂上练习如何将绳子分成三等份或四等份。做到这一点很不容易，需要十分高超的技巧，堪称数学中的"绝妙境界"。这些游戏也为其他课程做好了准备，例如以后的声学教学。

这一类的活动使孩子们获得了堪称完美的数字体验，不是通过将数字一个个相加，而是以某种方式将整体分为不同的部分。

简单说来，我们的方法是：

而不是：

正如前面说过的，数学教学的另一个很好的起点是给孩子一块黏土，让他们将其分成同样大小的若干块。

一块黏土变成了两块。

再分一次。

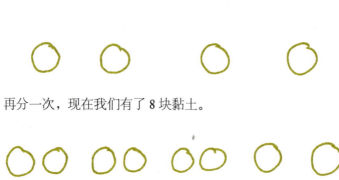

再分一次，现在我们有了 8 块黏土。

现在我们可以做很多算数题了，因为我们的世界充满了无穷的可能性。例如，我们可以体验 8 = 5 + 3。

我们也可以藏起几块黏土，让孩子们只看到八块中的两块，然后问他们我们藏起了多少块。这样我们就学习了减法。

同样，我们也可以通过乘法得到 8 这个数字：

通过除法，我们获得了数字 2。

我们可以拿出我们的黏土，赋予它不同的特质。从整体中

我们可以创造出：

第二次我们创造出：

每次我们分一块黏土的时候，我们都接触到一个新的数字特质，这是基数之前的数字，是我们的起点，从这个起点会产生一个具有"量"的特质的数字。

所有基数都可以回溯到最初的整体。对于任何年龄的孩子来说，这个简单的关系就是数学的基础。当我们让一年级学生将一块黏土分成 24 份，我们是在孩子身上培养一种任何动物都不可能具备的能力。此类活动需要用到人的灵性力量。当我们让七年级学生将一块黏土分成 24 份，我们见证的是同样一件事情——数字的内在器官活跃起来，结果可能是先连续三次把黏土等分，变成 8 块黏土，然后再把每块黏土分成 3 等份。也可以用其他方法把一块黏土分成 24 份，每一种方法背后都是一种特定的思路。我们甚至可以直接把黏土分成 24 份，但这样的话就没有了一个清晰而井然有序的过程。

我们来想一想，如何把一块黏土分成 19 份。19 是一个质数，我们又一次体验到此类数字的特殊特质。把一块黏土分成 19 份不是一件容易的事，没有任何简便方法，例如先分成两等份之类。

现在，试着把一块黏土分成 50 块。例如，先分成两等份，然后把每一块分成五等份，然后再把每一块分成五等份。

把一块黏土分成 28 块。例如，先分成两等份，然后把每一块分成七份。

就这样我们慢慢增大计算的难度，但原则上，我们此时所做的事情与一年级时要求孩子们所做的事情——把黏土分成两等份——没有什么两样。孩子们所体验到的内在活动虽然难度不同，但在所有这些情况下我们都是从整体开始，然后过渡到局部。因此所有基数都以不同的方式回溯到 1。不过就质数而言，没有任何简便方法，只有一种方法。每个质数都是一个独一无二的个体，甚至我们所能想象的最大的质数也是如此。

所有的基数都回溯到 1，那么我们可能会问了，与序数密切相关的所谓"韵律数"回溯到哪里呢？我们可能会回想起这本书前面的一章中，我们讲到学生边走边倒数，数到 1 后又跨出一步，同时数出"0"。他跨回到了韵律数真正的起点，所有乘法表的源头。因此之前我们会说："预备—1—2—3—4—5"，然后倒过来数"5—4—3—2—1—0"。

当我们在课本上画出以下图形，我们也看到了韵律数的起点：

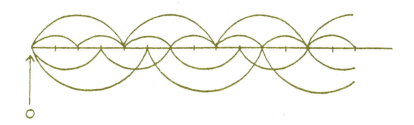

因此 0 和 1 是所有数字的起源，所有序数词和基数词都是从这两个数字开始的。当我们往回数的时候，我们总是会回到起点，不管从哪个数字开始数。

对于一年级孩子来说，所有这些体验是日常学习中很重要的一个部分。我们不应向孩子们做任何理论上的解释，而应该让他们通过自己的身体和运动去发现这些体验。

之后我们可以把这一主题上升到思考的水平。例如在学习指数的时候，我们可以思考一下，为什么

$$2^0 = 1$$

$$3^0 = 1$$

$$4^0 = 1$$

……

也就是说，为什么所有数字的零次方都是 1？每一个数字都和 0 以及 1 有着密切的关系，以下表达式可以清晰地说明这一点：

$$a^0 = 1$$

从这个表达式中我们可以看到代表所有数字的 a、符号"0"和"1"之间的相互关系。0 可以让每个数字中隐藏的统一性显示出来。一年

级时孩子们体验了整体如何化为局部，现在这种思考其实还是走在同一条道路上，只是方向相反。中学毕业的时候学生已经能够运用自己的思维去理解这个零的问题。而最初，每当他们根据特定的原则将一块黏土分成若干份，例如分成三份，他们都是在用手实践这个问题。当我们使用不同的划分原则时，例如当我们试图形成数字 28 时，我们依然是从整体开始，随后到达一个基数。当我们带领低年级学生做此类游戏时，我们是以现在的思考为远景的。

在以后的学习中，我们会将 28 分解成质因子，实际上这是同一件事情，只是名字不同而已。现在 28 成了整体，我们需要找到它的构成因素。

在第一个例子中，我们有一团黏土，我们用手抓住它，把它分成不同的部分。在第二个例子中，我们有一个基数，一个量，我们用头脑抓住它，试图通过分解来了解它的构成。

在探讨上述关系的过程中，我们与小学数学教学中的另一个问题不期而遇。这个问题是：我们如何把我们所处的这个物质世界带入数学的主题中？"如何让数学变得真实？"而另一方面，我们如何将自己从具体的物质世界中释放出来，去体验完全纯粹的数学法则？这就是数学中截然不同的两个面。一方面，数学将我们带向无形的逻辑世界，另一方面，数学是一个工具，可以用来解决物质世界中的现实问题。

在这个问题上，我们同样应该从孩子的处境出发，而不应该从成人的世界出发。

当我们遇见一个老人，从他的眼神中我们可能会得到这样一个印象——他似乎离我们很远，犹如置身于另一个世界中。小孩子也是一样，他们的眼神告诉我们，他们也生活在一个遥远的世界里。然而老人和孩子看待这个世界的方式是多么不同啊！一个已然经历了长长的一生，正在慢慢走远，另一个正在步入人生，变得和我们越来越相似。一个在走入尘世，一个则渐渐远离尘世，在这过程中，他们相遇了。相遇的两个人，通常都是朝着相反的方向，孩子和老人之间常常有很多共同语言，也许这就是原因之一吧。一个渴望着用全部的意志去抓住这个世界，世界对他来说，是一个浑然的整体，万物之间没有任何分别。另一个拥有整整一生的经验，热情地讲述着这个世界是如何多元，万事万物如何交相呼应，彼此影响，构成了非常复杂的关系。一个对这一切一无所知，但内心洋溢着要去"做"的强烈愿望。另一个觉得自己已经做过了，现在可以带着从行动中获取的知识，将这个人生阶段抛在身后了。两者都生活在精神的层面上，然而他们各自的精神内涵是不同的，一种由充满幻想的图景构成，另一种却由清晰的思维构成。

因此我们经常犯的一个错误就是试图把孩子当做缩小版的成人，给他们"理想"的数学教学，将一系列不同的物体展示给孩子，希望他们超越各个物体的质，即物体本身，只看到"事物"的数量，也就是基数。我们让孩子置身于由物体构成的物质世界中，然后立刻要求他们抽离出来，仅仅拾取物体的数量，而物体的数量并不存在于环境之中，而是存在于人类富有创造力的内心生活中。同时，我们完全无视这个年龄的孩子对于他所遇到的一切都怀着不可遏制的兴趣，期待他们融入到我们的数学课中，这是毫无理由的，因为我们的数学课本来就应该练习一些完全不同的东西。我们强迫孩子们进入逻辑思维的世界，而这个世界实际上属于老人，因为他们已经放弃了物质世界，上升到了思维的层面。

小孩子不应该从具体的物质世界中抽离出思维之线，而应该将自己的意志之线贯注到物质世界中。

因此我们抓住一团黏土，用我们的双手进入其中，用我们自己的力量创造出各种不同的组合。虽然组合可以多种多样，但物体却是一样的，因此我们数数时注意力不会被分散。通过这些黏土，我们可以渐渐地将幻想的图景变为思维的图景，同时，随着新获取的思维和数数能力，我们可以继续进入到物质世界中。以后的某一天，我们将能够以数学的方式掌握这个世界，而那是因为它在我们内在的思维世界里已经牢固地建立起来了。

数物体的数量很有必要，不过此处我们数的是孩子们自己创造出来的物体，而且这些物体不会分散孩子们的注意力，因为他们正全神贯注于创造性的活动中，更重要的是，因为这些物体是一样的。

由于没有外界的干扰，想象的图景现在可以转化为思维的图景，与此同时，数学与外部世界中一些具体的、有形的东西联系在一起。

孩子们需要借助于有形的物体才能在数学世界中迈出第一步，但这些物体必须能够推动而不是阻碍学习的过程。具有异曲同工之妙的是，很多父母在他们那蹒跚学步的孩子迈出第一步时都曾观察到一个有趣的现象：孩子很早就已经能够扶着桌子或妈妈的手站起来，但还不敢冒险向前走。然而有一天，他站在那里，手里拿着一把发刷，突然就摇摇晃晃地穿过房间，安全抵达父亲身边，抓住了他的裤腿。那把发刷给了他宝贵的支持，他手中的发刷就像牢固的桌腿一样给了他坚实可靠的感觉。

在充满艰难险阻的物质世界里，发刷是必需的固定点。它很轻，不会碍事，孩子将它握在手中可以学会走路。那高举的双手拿着发刷，不是为了交给爸爸，而是为了在行走这一动作中获得必需的支持。

同样，一团黏土（一堆坚果、豆子或其他任何东西）不是负担，而是为了让感官获得必需的物质满足，这样在练习数学这门艺术时，思考这一动作才能保持平衡。

以后我们可以让孩子们数不同的物体，但要记住，我们不是为了让孩子们体会数字的抽象而有意这样做，而是因为当时恰巧有不同的物体，这样孩子们就不会因此而分散注意力。

最后发刷成了一样可有可无的东西，但我们有时仍然会拿着它走路，不过令我们开心的是，我们知道自己并不真正需要它。黏土对于我们来说也是如此。必要的时候我们也会用到它，但同时我们知道，我们有能力使用纯粹的数字，能够体会那种自由了。这一点是很重要的。现在我们能够完成所有抽象思考而不迷失在抽象的世界里。

在以上示例中，我们显示了如何借助图景的元素而不是抽象的方式进入到纯粹的数字世界中。通常，在从数数游戏转到基数游戏的过程中，我们会使用这些练习。数字幻方也属于这类游戏。一个经典的例子是杜勒[1]的版画《忧郁》中的幻方。

用以下方式可以制作幻方。首先将一个正方形分成 16 个小方格，然后把数字 1 ~ 16 填入每个方格，如下所示：

1	2	3	4
5	6	7	8
9	10	11	12
13	14	15	16

现在按照以下原则交换数字的位置：

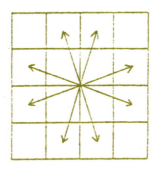

1 译者注：杜勒（Albrecht Dürer，1471 ~ 1528），文艺复兴时期德国艺术家和数学家。1514 年杜勒制作了一幅名叫《忧郁》（Melencolia）的版画，画的右上角刻有一个四阶的幻方。

交换之后变成了：

1	15	14	4
12	6	7	9
8	10	11	5
13	3	2	16

在这个幻方中，每一行或者每一列的四个数相加都等于 34。对角线上的数相加也可以得出同样的数字。与中点对称的任意两个数之和是 17，因此通过寻找与中点对称的数字，我们可以找到长长一串和为 34 的数字组合，例如：

$$12—8—5—9,$$

$$12—15—5—2,$$

$$1—10—16—7。$$

杜勒版画中的幻方与上面这个幻方略有不同。它是通过以下方式交换数字而来的：

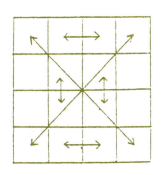

最终结果是：

16	3	2	13
5	10	11	8
9	6	7	12
4	15	14	1

值得一提的是，杜勒版画的全称实际上是 "*Melancolia I*"，其中 "I" 的意思是 "远离"。全称与简称的含义完全不同，更好地呼应了版画的内容。就拿画中灿烂的阳光和那道弯弯的美丽彩虹来说吧，从中实在看不出太多的忧郁痕迹。

我们回到幻方这个话题。用以下方式可以构造出另一种幻方：

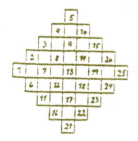

3	16	9	22	15
20	8	21	14	2
7	25	13	1	19
24	12	5	18	6
11	4	17	10	23

左图中央 5×5 正方形内的数字保持不变。
5×5 正方形外的数字按照右图所示放入正方形中。

这个正方形中任何一个横行和竖行之和是 65，对角线上的数字之和也是 65。但四个角上的数字相加是 52，而不是 65，因为这时只有四个数字，而不是五个数字相加。但很快我们就在幻方的中间找到了第五个数字。现在孩子们可以找到很多不同的正方形，它们四个角上的数字与幻方中间的 13 相加可以得到 65。

孩子们找到这些组合后会非常快乐，同时他们的数字能力也得到了增强。

在从韵律转到量的阶段，还有另一种纯粹的数字游戏，下面我们来讲一讲这个游戏。在很早的时候，就可以以一种非常简单的方式来做这个游戏，之后可以再次回到这个游戏，借助它练习一系列数字的求和公式或研究差数序列。这个游戏可以有无穷的变化，一行中可以有很多数字，也可以只包含很少的数字，数字的个数可以是奇数，也可以是偶数，等等。

我们要做的，是将从 1 到 10 这 10 个数字相加。我们用这样的方式来加：

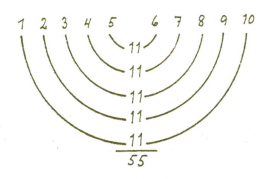

如下所示，也可以在前面放一个 0，这样 5 就没有伙伴了，不过总数不变：

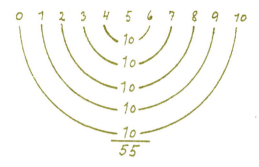

我们可以从 10 中拿出 5，把它给 0，这样开头是 5，结尾也是 5。然后我们从 9 中拿出 4，把它给 1，这样 9 和 1 也都变成了 5。按照这样的方式继续下去，原来的数字：

$$0 + 1 + 2 + 3 + 4 + 5 + 6 + 7 + 8 + 9 + 10。$$

将会变成：

$$5 + 5 + 5 + 5 + 5 + 5 + 5 + 5 + 5 + 5 + 5 = 11 \times 5 = 55。$$

这是一种很好的练习，用这样的方式，孩子们可以试着拉平一排中的数字，让所有数字大小相等。如果需要相加的元素个数为奇数，中间的那个数字总会被留下。如果元素的个数为偶数，我们可以添加一个 0，把个数变为奇数。通过这样的基本形式，我们可以创造出很多加法变为乘法的例子。

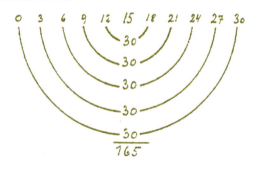

如果要相加的是一系列不规则的数字，例如：

1　4　5　7　10　12　14　19。

我们就得摸索着前进了。一开始我们可以假设所有数字都可以拉平为 10，带着这样的目标，我们从 19 中拿出 9，将它给 1，于是变成了：

10　4　5　7　10　12　14　10。

现在我们从 12 中拿出 2，从 14 中拿出 4，加起来是 6，把它给 4，让 4 也变成 10：

10　10　5　7　10　10　10　10。

现在我们看到，没法把所有数字都变成 10，于是我们试一下 9。数字 5 需要加 4，我们从最后四个 10 中拿出来给它，这样就变成了：

10　10　9　7　9　9　9　9。

最后变成：

9　9　9　9　9　9　9　9。

在这样的练习中，最后并非总能让所有数字相等，因此我们尽自己所能，等以后再看能不能找到更令人满意的答案。例如，我们有以下数字：

5　7　8　11　17　18　20。

我们想到了数字 11，因为这是位于中间的一个数。于是我们做出以下变化：

变成了：

11   11   11   11   11   14   17。

显然 11 不行，因此我们试一下 12。因此我们从 17 中拿出 5，把它分给前面的几个 11，这样我们得到了：

12   12   12   12   12   14   12。

现在我们意识到，最多只能做到这一步了，因为有一个数字多了个 2。

班上总会有一些学生发现用这种方式分配数字很难，因此我们可能需要使用坚果过渡到以上练习。例如，我们可以让他们在第一行排 4 个坚果，第二行排 5 个坚果，第三行排 6 个坚果，然后让他们重新分配坚果，让所有三行拥有一样的坚果数量。只需要移动一个坚果。

孩子们一定要意识到，只需要移动一个坚果就可以让所有三行的坚果数相等。当然，慢慢地，我们会让任务变得越来越难。

在上一部分绘图练习的最后一个任务中（第 149 页），我们有一个余数。与其相关的是下面这个练习。我们需要求平均值，同时还需要练习估计物体的数量，这是一种需要培养的重要能力：

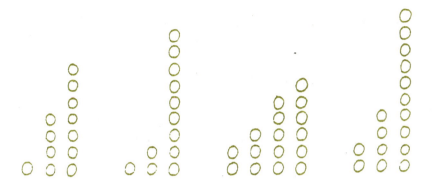

　　我们把特定数量的坚果发给 11 个学生，例如每个学生 10 个。他们围坐在桌子旁边，其中 10 个学生用一只手拿出部分坚果，另一只手拿着剩下的坚果藏在桌子下面。他们把第一只手拿的坚果放在桌上，并用手盖着。第 11 个学生发出信号后，他们拿开盖着坚果的手，同时眼睛逐一扫过桌上所有的坚果堆，看完之后立刻又把手盖上。现在他们要开始估计了！桌上被手盖着的坚果大概有多少个？我们教他们先估计一下每个孩子平均盖有多少个坚果，然后用这个数字乘以 10，这样就得到了一个非常具体的总数的估计值。然后我们数一下桌上实际的坚果数。最后我们可以问第 11 个学生，他记得多少堆坚果的实际数量，根据他记得的这几堆坚果而言，藏在桌下的坚果应该是多少个？一轮过来之后，换一个学生当第 11 个学生。

　　在孩子的整个学习生涯中，练习估计数量然后检查答案是非常重要的。经过这样的教学后，我们可以避免许多荒唐的答案。

　　下面这个小游戏可以很好地达到这一目的。老师手中握有一些坚果，例如，24 个。让一个孩子把这些坚果分给另外三个孩子，每个孩子最好要分得一样多。他只能飞快地看一眼老师手中的总数。看过之后，他建议说，也许应该分给第一个孩子 6 个坚果。老师拿出 6 个坚果。学生现在又可以快速地看一眼，判断一下老师手中剩下的数量，决定是否也应该给第二个学生 6 个坚果。他决定不给 6 个，10 个更好一些。第二个孩子得到了他的那份坚果，剩下的给了第三个学生。

这看起来不太对。于是他迅速从第一堆的 10 个坚果中拿出 2 个，移到 6 个的那一堆中。然后老师收起所有坚果，重新放在自己的手掌中，大家用眼睛数过之后告诉自己："原来这么多坚果就是 24 个！"

下一次，可以把坚果摊放在桌面上，用手帕盖起来。孩子们可以飞快地看一眼，然后估计坚果的数量。

在这样的游戏中，孩子们会提出各种猜测，一次比一次更准确。很多孩子会变得非常精于此道，但也有些孩子没什么进步。最好让每个孩子都参与尝试，哪怕猜得不准也要猜，因为这可以帮助大家锻炼让自己的观点切合实际的能力。

我们来做 10 顶纸帽子，分别标上 1 ~ 10 中的一个数字。注意要把帽子的四面都写上数字，确保从每一面都能看见。把这 10 顶帽子发给 10 个学生，让他们围成一个圈。老师说出一个数字，例如 7，学生必须两两结成一对，以便他们的数字相加正好是老师所报的那个数字。这几对学生走到墙边。剩下的尝试结合使用加法和减法来得出所给的数字。需要相加的依然站着，被减的那一个则蹲在他们身边。得出正确答案后，整个小组一起走到墙边。有没有可能让所有学生都走到墙边呢?

有的学生有些尴尬，其他的则正好相反，但最后所有问题都解决了。

于是,3 很快找到了 4,2 和 5 拥抱在一起,最后 1 和 6 也走到一起。然而下一轮所花的时间比较长,但稍加提醒之后他们就找到了下面这个组合: 8 + 9 −10 = 7。现在只剩下 7 了,这位同学从一开始就知道自己会一个人站着。现在我们来看看,能不能把 7 也带到墙边。为此我们必须使用一些本来已经走到墙边的数字,而且肯定需要用到 2 个以上的数字。其中一种可能的解决方案是:

$$7 + 5 - 3 - 2 = 7。$$

最后孩子们很容易会想到一个问题：所有这 10 个人能不能一下子算出 7 这个数字，作为一个整体走到墙边？

答案是可以。看着下面这个我们已经很熟悉的图，我们推断出：除 7 以外的所有数字必须相互抵消（即计算结果为零）。

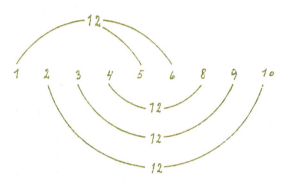

我们可以得出四个 12，这四个 12 可以相互抵消。

如果我们有第 11 顶帽子，上面写着 0 的话，整个问题本来可以用很简单的方式解决，因为 7 + 0 = 7。

现在让 10 个学生再站成一圈，让他们彼此相乘，得出的数要在 10 到 20 之间。

10 立刻知道他必须选择 1 或 2，只有这样他才能加入进去。但 9 的动作比他快，先和 2 站到了一起，因为这是他唯一的机会。于是 10 只能选择 1，出于明显的原因，1 对此非常满意。2 不知道该选谁，但在他做出决定之前，9 已经选择了他。7 和 8 忽然觉得自己不被需要了，虽然开始的时候他们很活跃。3 的反应完全不同，他保持着镇定，知道最后一定会有人需要他。他很明白 6 为什么如此急于和他相识。同时他帮助 4 和 5 认识到他们是完美的组合。

这个游戏还可以有很多种不同的玩法，减法和除法也可以用到游戏中去。

例如，老师在地板上沿一个圈写下数字 1 至 10。孩子们戴上帽子，站在各自的数字上。现在老师在黑板上写下一个数字，例如数字 8，并让十个学生分别走到地板的某个数字上，让自己的数字与这个数字相加得 8。有些学生必须离开这个圆圈，因为他们不可能得出正确的答案。之后全班同学都可以检查答案，他们立即就明白为什么圆圈中有三个位置是没有用的，为什么 4 如此自豪地站在自己的位置上不动。

如果用减法，情况就有些复杂了：是应该让地板上的数字减去帽子上的数？还是让帽子上的数减去地板上的数？也许最好两种情况都允许。同样，许多学生必须离开圆圈。使用乘法和除法的时候，离开圆圈的学生就更多了。

现在我们需要在地板上准备一个 10×10 的正方形，写上数字 1～100，可以横着排，也可以竖着排。50×50 厘米（18×18 英寸）的面砖铺就的一块地板会非常理想。或者我们也可以划几条纵横交错的线，构成我们所要的方格，然后标上其中某些数字，例如像 156 页图这样标出数字。这样孩子们就能够很快找到各自的数字。

孩子们戴上自己的纸帽，站在那里准备开始，老师说：

"去吧！站在你们各自的数字上！"

1				5					10
11				15					20
21				25					30
31				35					40
41				45					50
51				55					60
61				65					70
71				75					80
81				85					90
91				95					100

学生们现在站在前 10 个格子中。

"为你帽子上的数字加上 5！"

现在他们站的位置变成了 6 ～ 15，队伍断开了，1 和 10 站到了一起。

"为你的数字加上 15！"

队形几乎没变。

"为你的数字加上 22！"

队伍再次断开，不过是从不同的位置断开的。

"从你的数字中减去 4！"

有些孩子出局了。

"回到你们原来的位置，等我说'开始'后，将你的数字乘以 2，然后移动到新的位置！"

从 1 到 10 的队伍现在变成了两行，而且每两个学生之间的距离增大了一倍。

"把你的数字乘以 3！"

现在我们看见一个新的队形出现了，我们可能会觉得，这个队形以前见过。之后我们会把它画在主课课本中。

"现在乘以 4！"

"乘以 5！"

现在的队形非常特别。

如此继续下去。

"把你的数字除以 2！"

一个短短的队列出现了，只包含 1 ~ 5 这五个数字。5 个学生必须出局。

"把你的数字除以 3，除以 4（等等）。"渐渐地，方框中留下的学生越来越少。

"用 60 除以你的数字！"（必须提早做过相应准备才可以提这个问题。）

孩子们散布到各个位置上，他们之间的距离拉开了。

所有学校的体操房都应该拥有一块铺有 100 块面砖的地板，这会在数学课上派上大用场。不过也可以用我们的数字线来做其中的一些游戏。例如我们可以试着乘 1，乘 3、4 等，看看会有什么样的动作，出现什么样的队形。

也可以用另一种方式来做同样的游戏。让孩子们在某一天带一个便携式手电筒到学校来，最好是发出明亮的锥形光束的那种。把数字

1 ～ 100 写在黑板上的方格里，而不是写在地板上。让房间变暗，让 10 个学生用电筒照亮白粉笔写的数字。我们可以发出各种指令，例如 "把你的数字乘 3"，然后我们就可以看见黑板上的队列变化。

下面是从韵律数过渡到量数期间可以做的另一种游戏。通过此类 游戏可以做很多计算练习。

"把中间相隔一个数的一对数字相加！"

"把中间相隔两个数的一对数字相加！"

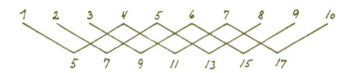

"把中间相隔一个数的一对数字相乘！"

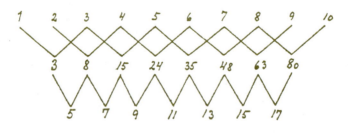

孩子们看到数列的规律之后，就可以进入下面的问题了。

将自然数按顺序排列。每三个为一组进行计算 [1]，将每组的第一个

---

1 译者注：即 1、2、3 为一组，2、3、4 为一组，等等。

数与第三个数相乘，然后加上中间那个数。例如，第一组的算式是：

（1×3）＋2。

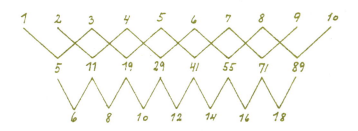

同样，按照 1×2×3 的模式对每一组进行计算。

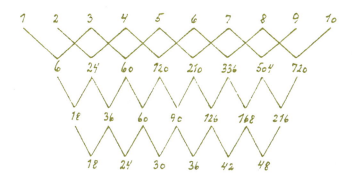

孩子们可以自己改变计算方式，也许他们会进行以下两种不同的

计算：

（3×2）÷1，（4×3）÷2，（5×4）÷3……

以及（1×2）＋3，（2×3）＋4，（3×4）＋5……

之后可以加大游戏的难度，例如：

（1×4）＋2＋3，（2×5）＋3＋4……

$(1 \times 3) + (2 \times 4)$, $(2 \times 4) + (3 \times 5)$ ……

$1 \times 3 \times 4$, $2 \times 4 \times 5$……

$1 \times 2 \times 4$, $2 \times 3 \times 5$……

第九章

结束语——记忆、游戏和数学

在前面的内容中，我们曾描述过三种类型的数字体验。作为成人，我们对这三种数字都有不同程度的体验，其中基数对我们的影响最大，因为我们在日常生活中会不断用到它们。而韵律的体验——实际上这是序数的基础——对我们来说就没有那么重要了。至于"本质数"，我们只是在某些瞬间体验到它们，例如当我们观照自己的内心情感时，当我们沉醉于植物世界的美时，或者当我们惊奇地注视着矿物世界那奇妙的几何形状时。

对于孩子来说恰好相反。一天中的很多时候，孩子们都是在充满节奏的运动中度过的。只要观察年幼的孩子玩耍或与父母一起散步等，我们就会发现这一点。至于本质数，孩子们是通过童话故事来辨认的，他们吸收故事中那些富有画面感的关系以及故事情节中所传达出来的特质，从而对本质数有了体验。相反，孩子对基数的理解建立在一种很不清晰的体验之上，他们只能模糊区分一个、不止一个或者很多个。

孩子正走在进入尘世的旅途中，我们要陪伴他走过这段旅程，用我们的教育支持他。教育与心灵的关系就像食物与身体的关系。教育是无形的，相比之下，在孩子踏入尘世的旅途中，我们给他们吃的食物具有更多的物质的属性。孩子的心灵与身体密切相关，而身体受到各种节奏过程的影响，因此在最初几年的教学中，我们一定要注重节奏。一旦食物进入身体，它就受到节奏的影响。这个过程从牙齿咀嚼食物开始，在整个食道中继续。同样我们的教学也应该富有节奏，在前面的章节中我们介绍了很多可以在低年级教学中使用的与节奏相关的游戏。

在小学最初的几年中，心灵与身体的关系逐渐由紧密变为疏远。三年级和四年级期间是过渡阶段，与一二年级相比，三四年级孩子的记忆力和理解力大为增强。

孩子们通过记忆学习的能力增强了，这一点在数学教学中有很重要的意义。之前我们说过，记忆非常重要，但使用何种方法记忆同样至关重要。接下来我们就来探讨一下这方面的问题。

当我们研究记忆活动时，我们发现，过去人们关于记忆图像如何出现在人类心灵中的概念是不准确的。关于记忆现象的许多描述都基于这样一个信念：在最初观察的那一刻，我们把某个图像与我们的感官知觉联系在一起，知觉停止后，这个图像储存在我们的心灵中，在回忆的那一刻，我们将它从心灵中重新唤起，再一次置于意识当中。

然而，所有自我观察都表明，记忆图像并不是一劳永逸地储存在我们内心，等待着我们将其唤起，相反，每次我们看着这些图像，我们都在重新创造它们，这些图像每一刻都是新的。并不存在什么旧的图像，就像并不存在旧音乐，每一次的音乐都是重新创造出来的。我们可能会认为音乐存在于唱片之中，但它并不是直接存在于唱片中，只是间接存在着。真正存在的是唱片凹槽，而不是音乐本身，这些凹槽使得音乐得以产生。每次听音乐的时候，都必须通过播放唱机重新产生音乐。在现场音乐会中，通常会有一些永远不变的保留曲目，但人们同样必须每次都重新演奏这些曲目。

我们可能会问，我们的记忆图像中的"保留曲目"是什么呢？

通过研究生命中的记忆以及不同生命阶段中记忆的强度和特征，我们可以清晰地看到记忆的基础。为什么所有人都如此清晰地记得童年时期的经历？为什么是它们而不是其他记忆在我们心中保留得如此完整，具有如此强大的力量？是什么使得后来一些经历也镌刻在我们的记忆中？而"镌刻在记忆中"究竟是什么意思？

或者，换句话说，生命中哪些领域如此容易留下印记，以至于我们能够回想起来？从儿童的生命境况，我们可以明显看出，人的记忆能力完全依赖于他的身体动作和情感生活，这两个方面都和韵律息息相关。这些韵律的过程有力地主导着我们的幼年生活。在一天天长大的过程中，我们渐渐切断了和这些韵律过程的联系，但也获得了更多自由，可以独立于它们而存在。我们所有的经历都会影响我们的意志和情感。如果我们能够不间断地监控自己的脉搏和呼吸，我们会发现，它们就像敏感的晴雨表一样，反映着我们的心理状态。这就是我们的经历留下印记的地方，留下的不是图像，而是我们内在的观察可以看见的心灵痕迹。就像外在的观察需要通过感官进行，内在的观察需要想象的补充才可辨识。在记忆的过程中，我们识别出想象补充给我们的图像——我们以前见过这些图像——把它称作记忆图像。不过，他们依然是新的，而且仅仅存在于回忆的那一刻。在整个过程中，只有情感在心灵中留下的印迹是持久的。

因此，当我们探讨记忆中持久不变的是什么，我们不能停留在思维生活中，而要往下探究得更深。在年幼孩子的教学中，所能想象的最糟糕的方法莫过于让孩子们回家背诵，第二天来考他。实际上这意味着要求孩子回家以后，在韵律和情感所属的内在心灵中留下明天创造记忆图像所需的印记。对于孩子来说，这个要求实在太高了。

相反我们可以在放学之前练习与乘法表有关的游戏。在此过程中，所有孩子聚在一起，在同样的时间做同样的事情。我们可以帮助彼此找到正确的答案，发现许多有趣的关系。我们在一个很大的房间里，在空旷的地板上尽情活动，在兴奋和激动中体验各种可能的组合。简而言之，我们有留下印记所需的所有必要元素，当明天来临，我们就可以在内心的黑板上看见有关的东西。

由此我们可以判断，乘法表为我们提供了练习纯粹记忆的好机会，我们再也想象不出比这更好的办法了。首先，此时我们关心的是纯粹的数字，我们在一个不被外界物质世界所干扰的层面上工作。其次，我们有机会让自己沉浸在充满韵律的关系中，而这本身就能为我们创造出记忆图像的基础。因此，如果能够在乘法表游戏中适当融入并体会韵律，我们就能帮助孩子们有效锻炼记忆力。

通过此类富有韵律的游戏打下坚实的基础后，我们就可以在任何特定的领域布置家庭作业了。在低年级阶段，如果家庭作业不能以孩子心中的深刻印记为基础，那么这种作业是不可能起到任何作用的。因此每次布置家庭作业之前，我们都要问自己，我们是否已经在孩子的内心生活中留下了持久的印迹，不论是通过故事，通过充满韵律的身体动作，还是通过放在课桌上、分成不同大小的几堆或排列成方形或三角形的坚果。如果已经做到了这一点，那么我们就可以确信，这些印记本身会静静等候在那里，渴望着上升到意识中去。这可能会发生在第二天的课堂上，因此我们通过家庭作业来做一些准备。家庭作业应该指向孩子心中从情感世界向思维世界过渡的那个点，或者换句话说，家庭作业应该具有某种音乐的元素。

这是因为，我们同样应该根据孩子的本质，而不是根据我们对孩子的期望去布置家庭作业。我们布置家庭作业的时候，太容易以"传授基本知识"为目的，这样的作业是很难滋养孩子的意志和情感的。然而，滋养孩子的意志和情感是唯一的正确之道。因为上午课堂上的八九岁孩子，当他晚上回家做家庭作业时，他依旧是八九岁的孩子。他整整一天都需要活动和体验——在数学中也不例外。

八九岁的孩子正走在踏入尘世的路上。前面我们讲到孩子与已经走过漫长一生，离尘世渐去渐远的老人相遇时，就曾用过这个比喻。现在我们来想象一下，如果这些老人中有一些是经验丰富的数学家，如果我们能听见他们与孩子的对话，那情景一定会很有意思，他们之间一定有很多共同语言，会谈到彼此都熟悉的一些经验，正如我们常常指出的，儿童的游戏与最难、最复杂的数学之间其实相距甚微。从某种意义上来说，儿童的游戏超越了物质世界，而数学也是如此。在游戏中，孩子们使用的是这个世界的物体，却全然不受普通法则的羁绊，自由地创建出自己的规则。这些规则来自他那天马行空的幻想，来自他对行动的渴望，他手中的物体必须服从这些全新的规则，彼此之间形成完全不同于往日的关系。当孩子转过头去，不再触碰这些物体，他们便又回到了原有的关系中。

在伟大的数学家——不一定是古代数学家——的世界里，我们发现情况与此类似。他们的思想王国超越了尘世，他们确实使用了这个世界上的物体，但那只是为了用一种富有画面感的表达方式来呈现一些不同的东西。画在纸上的一条直线或一个圆圈只是为了代表一条理想的直线，或一个看不见的完美的圆圈，这样的直线或圆圈只存在于精神的层面上。黑板上画出来的与圆相切的一条直线实际上有无数个点与圆相交，然而在思想的世界里，它们只有一个相交点。人们曾一再指出，幻想和想象在数学的世界里扮演着重要的角色，在数学的世界中，我们可以创造出无限多的全新数学方式，在这过程中起作用的不仅仅有成人式的思考，还有与儿童的直觉相似的一些活动。

游戏和数学彼此相属。他们亲密地站在一起，相互呼应，然而却体现为全然不同的现象，就像来自于同一个家庭的孩子和老人，当他们相遇时，他们彼此之间有着密切的联系，却面朝不同的方向。

我们用"老人"这种形象化的语言来比拟数学，但我们所指的并非日常生活中处处可见的数学，而是最高形式的数学。事实上，也只有这样一种数学才可以与孩子的游戏相媲美。

这一点非常重要。之所以这样说还有另外一个原因。我们会发现，数学中最富有创造性的进步往往并非来自老数学家，而是来自年轻的数学家，有时甚至是非常年轻的数学家（阿贝尔[1]、高斯[2]、帕斯卡[3]等）。他们拥有年轻人的灵感，富有数学天才所必需的敏锐感觉。数学上的伟大发现并不是从学究式的严密论证开始的，最初它们往往来源于数学家无意识之中对和谐和完整的直觉式体验。论证和逻辑思维是后来的事，是为了说明给别人看。这些伟大的创造者与孩子走的是同一条路，只不过朝着不同的方向，他们那些至关重要的体验也与孩子的体

---

1 阿贝尔（Niels Henrik Abel，1802～1829），挪威数学家，22 岁时证明出五次方程式没有根式解，他所构思的椭圆函数论是 19 世纪最重要的数学主题之一。阿贝尔于 27 岁早逝。

2 高斯（Johann Carl Friedrich Gauss，1777～1855），德国数学家，有"数学王子"的美名。从小就显示出数学天才，15 岁时开始研究高等数学，很快就独立发现了二项式定理的一般形式、数论上的二次互反律、质数分布定理等。之后在各个数学领域都做出了杰出的贡献。

3 帕斯卡（Blaise Pascal，1623～1662），法国著名数学家、物理学家、哲学家和散文家。17 岁时写成了数学水平很高的《圆锥截线论》，19～21 岁期间发明了加法器。

验同属一种类型，例如有的人有一种特别的才能，能够记得很小的时候发生的事情，而这些记忆往往与平衡感和运动感有关。

因此，当我们探讨儿童数学教学中至为重要的元素时，了解儿童发展规律以及了解伟大数学家的生平都会对我们有所助益。